Yaya Sagnon
Fidèle Zongo

Fitorremediação do solo do aterro sanitário de Ouagadougou

Yaya Sagnon
Fidèle Zongo

Fitorremediação do solo do aterro sanitário de Ouagadougou

Recuperação agronómica e ambiental de solos de aterros sanitários não controlados na cidade de Ouagadougou

ScienciaScripts

Imprint

Cover image: www.ingimage.com

This book is a translation from the original published under ISBN 978-620-2-54079-7.

Publisher:
Sciencia Scripts
is a trademark of
Dodo Books Indian Ocean Ltd. and OmniScriptum S.R.L publishing group

120 High Road, East Finchley, London, N2 9ED, United Kingdom
Str. Armeneasca 28/1, office 1, Chisinau MD-2012, Republic of Moldova, Europe
Managing Directors: Ieva Konstantinova, Victoria Ursu
info@omniscriptum.com

Printed at: see last page
ISBN: 978-620-8-59613-2

Índice

DEDICAÇÃO

Dedico este trabalho à minha mãe e ao meu pai pela educação que me deram, pelos sacrifícios que fizeram e pelo seu apoio incondicional,

À minha avó pelas suas bênçãos,

Às famílias SAGNON, BELE, BIHOUN, TOU e aos amigos mais queridos, pelo seu apoio incomensurável.

AGRADECIMENTOS

Acima de tudo, agradecemos a Deus Todo-Poderoso por nos ter dado a força, a vontade, a coragem e a paciência para concluir este trabalho. Gostaríamos também de expressar os nossos sinceros agradecimentos a :

- **Professora Bila Gérard SEGDA,** Diretora do Instituto de Engenharia do Ambiente e do Desenvolvimento Sustentável (IGEDD):
- Ao **Professor Salifou K. OUIMINGA,** Diretor-Adjunto do IGEDD :
- Ao **Dr. S. Zacharie KAM,** Chefe do Departamento do IGEDD
- À **Representação do IRD no Burkina Faso**, pelo acesso às infra-estruturas que permitiram a realização do nosso trabalho;
- Ao **Professor Edmond HIEN**, Professor Catedrático de Agro-Pedologia, Universidade Joseph KI-ZERBO, Diretor do Laboratório de Solos, Materiais e Ambiente, nosso orientador de tese, que, apesar das suas múltiplas ocupações, aceitou a responsabilidade de supervisionar este trabalho;
- Ao **Dr. Koulibi Fidèle ZONGO** , Professor-Investigador no Centro Universitário Tenkodogo, Agro-pedólogo, nosso Co-Diretor de dissertação, que não se poupou a esforços em termos de disponibilidade, orientação e apoio financeiro. Obrigado pelos seus conselhos e apoio incondicional. O seu rigor é, sem dúvida, um exemplo para todos nós;
- Ao **Dr. Daouda GUEBRE** pelo seu apoio no bom funcionamento do nosso trabalho;
- Ao **Sr. Prosper SAWADOGO,** técnico de laboratório do UMR Eco et sols do IRD, que muito contribuiu para o sucesso deste trabalho;
- **Dr. Telado Luc BAMBARA**, Professor e Investigador na Ecole Normale Supérieure de Koudougou, pelas suas contribuições científicas para melhorar a qualidade deste documento;
- À minha prima, **Félicité BIHOUN**, professora certificada do ensino secundário, por ter aceite rever o documento e corrigir os erros gramaticais;
- A todo o pessoal do IRD pelo seu caloroso acolhimento e apoio durante a nossa estadia;

Os meus agradecimentos vão também para os mestrandos da turma de 2021-2022, em particular os da opção Território-Ambiente-Saúde, com quem pudemos formar uma família, e para todo o pessoal docente do IGEDD.
Por último, gostaríamos também de agradecer a todos os que participaram de alguma forma na realização deste trabalho.

RESUMO

O objetivo deste estudo foi avaliar o efeito do solo de vários aterros públicos nos parâmetros agronómicos e na capacidade das plantas de alface e amaranto para acumular ou eliminar Cu, Pb e Zn do solo contaminado. A metodologia consistiu em testar seis (06) tratamentos com cinco (5) repetições em estufa durante 75 dias:

Solo do aterro sanitário de Toudouwéogo (cultivado com amaranto); solo do aterro sanitário de Saaba (cultivado com amaranto); controlo absoluto (cultivado com amaranto); solo do aterro sanitário de Toudouwéogo (cultivado com alface); solo do aterro sanitário de Saaba (cultivado com alface); controlo absoluto (cultivado com alface).

As composições físicas e químicas e o teor de metais vestigiais (TME) dos dois aterros foram estudados antes da sementeira. Os TME no solo e nas plantas dos aterros foram também determinados aquando da colheita. Foram medidos os parâmetros morfológicos e a biomassa vegetal produzida. A espetrometria de absorção atómica (AAS) utilizada para determinar o teor de MTE das amostras de solo e da biomassa. As análises de variância (ANOVA) e as comparações múltiplas de médias TukeyHSD foram realizadas nos dados agronómicos com um limiar de 5% de probabilidade ($p < 0{,}05$). Os resultados mostraram que os solos dos aterros de Saaba e de Toudouwéogo eram variáveis em termos de parâmetros físicos e químicos e de teor de TME. Do ponto de vista agronómico, os solos de aterro melhoraram significativamente o desempenho morfológico e a produção de biomassa da alface e do amaranto, com melhor desempenho agronómico nos solos de aterro de Toudouwéogo em comparação com o solo de controlo. Em termos de fitorremediação, os resultados mostraram que as concentrações de TMEs (Cu, Pb, Zn) em todos os solos do aterro estavam muito acima dos valores-limite. O índice de poluição para cada solo era superior a 1, ou seja, 8,15 para o solo do aterro de Saaba e 7,50 para o solo do aterro de Toudouwéogo. Pensa-se que as concentrações de TME nas plantas são influenciadas pelos seus níveis no solo. O zinco, que tinha um teor muito elevado no solo

em comparação com os outros TME estudados, foi o elemento mais acumulado na biomassa vegetal. As duas espécies de plantas contribuíram para uma redução do índice de poluição do solo aquando da colheita de 1,6 para o aterro de Saaba e de 6 para o aterro de Toudouwéogo, mas os valores são ainda superiores às normas para utilização na agricultura.
Palavras chave: aterro sanitário, solo, amaranto, alface, desempenho agronómico, TMEs, poluição, fitorremediação.

RESUMO

O presente estudo teve por objetivo avaliar, por um lado, o efeito de solos provenientes de diferentes aterros públicos sobre os parâmetros agronómicos e, por outro lado, a capacidade sanitária das plantas de alface e amaranto para acumular ou eliminar Cu, Pb e Zn de solos contaminados. A metodologia consistiu em testar em estufa durante 75 dias, seis (06) tratamentos com cinco (5) repetições : solo dos aterros de Toudouwéogo (sob cultura de amaranto) ; solo dos aterros de Saaba (sob cultura de amaranto) ; controlo absoluto (sob cultura de amaranto) ; solo dos aterros de Toudouwéogo (sob cultura de alface) ; solo dos aterros de Saaba (sob cultura de alface) ; controlo absoluto (sob cultura de alface). As composições físicas e químicas e os teores de elementos metálicos vestigiais (TME) dos dois aterros foram estudados antes da sementeira. Foram também determinados os TME nos solos e nas plantas desde os aterros até à colheita. Foram medidos os parâmetros morfológicos e as biomassas vegetais produzidas. A determinação dos teores de ETM das amostras de solo e da biomassa foi efectuada por Espectrometria de Absorção Atómica (EAA). As análises de variância (ANOVA) e as comparações múltiplas de médias de TukeyHSD foram realizadas sobre os dados agronómicos ao limiar de 5% de probabilidade ($p < 0,05$). Os resultados mostraram que os solos dos aterros de Saaba e Toudouwéogo apresentam uma variabilidade nos parâmetros físicos, químicos e no teor de ETM. A nível agronómico, os solos dos aterros públicos melhoraram significativamente o desempenho morfológico, a produção de biomassa de alface e amaranto com um melhor desempenho agronómico dos solos dos aterros de Toudouwéogo em comparação com o solo de controlo. Em termos de fitorremediação, os resultados mostraram que as concentrações de ETM (Cu, Pb, Zn) em todos os solos dos aterros estavam muito acima dos valores-limite. O índice de poluição de cada solo era superior a 1, ou seja, 8,15 para o solo do aterro de Saaba e 7,50 para o solo do aterro de Toudouwéogo. As concentrações de ETM nas plantas seriam influenciadas pelos seus níveis no solo. O zinco, que tinha um teor muito elevado no solo em comparação com os outros ETM estudados, foi o elemento mais acumulado na biomassa vegetal. As duas espécies vegetais contribuíram para a redução do índice de poluição do solo aquando da colheita de 1,6 para o aterro de Saaba e de 6 para o solo de Toudouwéogo, mas os valores continuam a ser superiores às normas para utilização na agricultura.

Palavras-chave : aterros públicos, solos, amaranto, alface, desempenho agronómico, ETM, poluição, fitorremediação

INTRODUÇÃO

A horticultura urbana e periurbana está a aumentar nas grandes cidades africanas em geral, e Ouagadougou, a capital do Burkina Faso, e os seus subúrbios não são exceção. A horticultura urbana em África é vista como uma solução para o problema do fornecimento de produtos hortícolas a cidades cada vez mais populosas [1]. O crescimento demográfico e a industrialização urbana geram resíduos que podem contaminar o ambiente [2], perturbar os ecossistemas e afetar os organismos vivos. Estes resíduos, de origem agrícola, municipal ou doméstica, podem ser utilizados como corretor orgânico de solos de alta qualidade, em vez de serem armazenados em aterros públicos onde a sua decomposição emite gases com efeito de estufa [3]. Para satisfazer uma procura cada vez maior, os horticultores adoptam uma estratégia de melhoria da sua produtividade, baseada na utilização de adubos químicos e pesticidas [4]. Com efeito, alguns agricultores, não tendo meios para comprar adubos químicos (demasiado caros e pouco disponíveis), deslocam-se às lixeiras urbanas próximas dos seus campos, onde queimam ou não os resíduos domésticos e recuperam os detritos para emendar o solo antes de cultivar legumes. Embora esta prática ajude a aumentar a produtividade através da adição de matéria orgânica, também resulta na contaminação por metais do solo das hortas e das culturas. Uma das principais formas de impregnação dos seres humanos com estes metais pesados é através do consumo de plantas cultivadas em solos contaminados. Em determinadas concentrações, sabe-se que estes metais pesados têm efeitos nocivos para a saúde dos consumidores [5].

Uma solução para este problema consiste em tratar o solo destes aterros para remover os elementos metálicos ou, pelo menos, reduzir a sua concentração para níveis aceitáveis. Um dos métodos de tratamento que surgiu nos anos 90 envolve a utilização de plantas capazes de crescer em solos com um elevado teor de metais e susceptíveis de mobilizar ou absorver grandes quantidades desses metais poluentes [6]. Esta técnica, designada por fitorremediação, revela-se prometedora por ser pouco dispendiosa e mais respeitadora do ambiente [7]. Estas são duas das razões pelas quais é tão importante interessar-se por um estudo sobre a recuperação de solos de aterros sanitários que podem ser utilizados para melhorar os solos agrícolas.

O objetivo geral deste estudo é avaliar os efeitos de solos provenientes de aterros não controlados na produção de amaranto e de alface, bem como a fitorremediação destas duas plantas em metais pesados.

Especificamente, trata-se de

- Caracterização dos aterros sanitários anárquicos da cidade de Ouagadougou ;
- Avaliar o efeito dos solos de aterro no desempenho agronómico do amaranto e da alface;
- Avaliação da eficácia da fitorremediação da alface e do amaranto.

Foram formuladas hipóteses de trabalho:

- As lixeiras não controladas da cidade de Ouagadougou contêm substratos orgânicos, compostos minerais e poluentes, nomeadamente metais vestigiais (TME)
- Os resíduos urbanos afectam o crescimento e a biomassa vegetal do amaranto e da alface;
- A alface e o amaranto podem ajudar a descontaminar os aterros sanitários.

I. RESUMO BIBLIOGRÁFICO

1.1. Algumas definições

Resíduos: Qualquer resíduo de um processo de produção, transformação ou utilização, qualquer substância, material, produto ou, de um modo mais geral, qualquer bem móvel abandonado ou que o seu detentor tencione abandonar [8].

Aterro não controlado: Trata-se de uma lixeira a céu aberto não controlada, pouco explorada, que recebe resíduos mistos de diferentes tipos: agrícolas, comerciais, industriais, domésticos e hospitalares, e sem tratamento prévio [9].

Aterro controlado: Trata-se de um aterro autorizado que cumpre as normas e está localizado num local adequado, de acordo com um plano de desenvolvimento, onde o espalhamento de resíduos é controlado. Centros de transferência com contentores de lixo para recolha e transporte de resíduos para centros de tratamento e recuperação.

Metais pesados: Os metais pesados são definidos como elementos metálicos com uma densidade superior a 5 g/cm^3 e estão mais frequentemente presentes no ambiente sob a forma de vestígios em concentrações que variam consoante o ambiente e os organismos [10]. Os metais pesados incluem elementos maiores e elementos vestigiais, ou seja, elementos cuja concentração na crosta terrestre é inferior a 1% para cada um deles: mercúrio, chumbo, cádmio, cobre, arsénio, níquel, zinco, cobalto e manganês, entre outros. No entanto, alguns oligoelementos tóxicos não são metais (arsénio, selénio). É por esta razão que é preferível utilizar o termo geral de metais vestigiais (quando são efetivamente metais) ou TME [11].

1.2 Informações gerais sobre metais pesados

1.2.1. Fontes de metais pesados

Os metais pesados estão naturalmente presentes em quantidades muito pequenas em todos os compartimentos ambientais. Diz-se que os metais pesados estão presentes "em quantidades vestigiais". A atividade humana não provocou qualquer alteração nas quantidades de metais no ambiente, dado que estes não são biodegradáveis. Pelo contrário, alterou o modo de dispersão dos metais, as suas formas químicas (especiação) e as suas concentrações através da introdução de novos modos de dispersão (fumo, esgotos, vários tipos de resíduos, automóveis, indústria, etc.).

1.2.2. Metais pesados nos resíduos urbanos

Encontram-se metais pesados em todas as categorias de resíduos: papel, plásticos, pilhas (mercúrio, chumbo e cádmio), cápsulas e baterias (chumbo-ácido). As pilhas são fontes de vários metais, incluindo Cd, Ni, Pb e Zn [12]. Trabalhos realizados em resíduos urbanos utilizados como matéria-prima para composto mostraram que o zinco se encontra principalmente na fração ligada aos óxidos de ferro e de manganês, o chumbo na fração residual e o cobre na fração ligada à matéria orgânica [13].

1.2.3. Metais pesados no solo

No solo, as TME podem ter uma origem natural, derivando da composição química inicial herdada do material geológico do qual o solo é derivado. A concentração geoquímica natural do solo resulta deste estado [14]. Para além da herança geológica inicial do solo, podem também ocorrer outros tipos de entrada de MTE. Estes incluem as precipitações atmosféricas de origem antropogénica (poeiras industriais), as entradas agrícolas (fertilizantes inorgânicos, estrume, pesticidas), os pesticidas (Cu, Zinco, Fe, Mn) e a disseminação de resíduos (resíduos agrícolas, composto, esgotos) [15].

1.3 Impacto dos metais pesados

1.3.1. Saúde

Dado que os metais pesados não são biodegradáveis, a sua presença no ambiente provoca a sua bioacumulação e a sua penetração na cadeia alimentar através da biomagnificação, criando assim problemas de saúde pública. De facto, a acumulação de metais pesados no organismo causa enormes efeitos adversos na saúde humana, afectando todas as funções biológicas, apesar de não existirem sintomas específicos e detectáveis de envenenamento por metais. Entre as doenças mais graves causadas pelo envenenamento por metais encontra-se o envenenamento por chumbo, que é definido como envenenamento por Pb com um nível de chumbo no sangue superior a 100 ug L^{-1} de Pb, conduzindo a efeitos graves e irreversíveis no organismo, nomeadamente atraso mental nas crianças [16].

1.3.2. Nas plantas

O efeito tóxico dos TME no crescimento das plantas manifesta-se por uma redução do crescimento das partes aéreas e radiculares, afectando assim drasticamente a produção de biomassa [17]. No entanto, é importante notar que nem todas as plantas são afectadas pelo efeito tóxico dos metais pesados com a mesma gravidade. Algumas das chamadas plantas hiperacumuladoras são capazes de crescer, desenvolver-se e reproduzir-se na presença de concentrações elevadas de TME.

1.4. Tratamento de solos poluídos

1.4.1. Métodos de descontaminação

Os métodos mais comuns de descontaminação de solos poluídos por metais pesados envolvem a escavação do solo para tratamento físico e térmico. No entanto, as principais dificuldades encontradas são o seu elevado custo, a complexidade da sua aplicação, bem como a alteração da estrutura física e a perturbação da atividade biológica do solo.

1.4.2. Tratamento térmico

Este método é utilizado há muitos anos para a limpeza de solos contaminados por poluentes orgânicos e metais pesados. O solo contaminado é escavado e passado através do forno de um reator de chama. O produto final que sai do forno é uma escória não lixiviável, semelhante a vidro. Os metais voláteis são capturados num coletor de poeiras, enquanto os metais não voláteis se condensam como uma liga fundida.

1.4.3. Tratamento físico e químico

Consiste em solidificar o solo poluído para melhorar as suas caraterísticas físicas, a fim de reduzir a mobilidade do poluente no solo. Para a solidificação, são necessários certos ligantes minerais, como as cinzas, a cal e o cimento portland.

1.5. Fitoremediação

A fitoremediação é um método de descontaminação do solo que utiliza plantas capazes de fixar metais pesados, sobreviver e reproduzir-se em condições a priori hostis.

Trata-se de uma abordagem de recuperação ambiental que utiliza plantas vasculares hiperacumuladoras ou capazes de fixar os metais pesados contidos nos solos.
A fitoremediação pode ser dividida em duas categorias principais: fitoestabilização e fito-descontaminação.

1.5.1. Fitoestabilização

Trata-se de imobilizar os contaminantes no solo e na água in situ, através das raízes das plantas, por absorção, adsorção ou precipitação na rizosfera [18]. Esta técnica é aplicável a sítios onde a biodisponibilidade (possibilidade de assimilação pelas plantas) dos metais é reduzida e o movimento dos poluentes é estimado. Ao contrário dos compostos orgânicos, os metais não podem ser degradados e, consequentemente, uma limpeza eficaz exige a sua imobilização para reduzir ou eliminar a sua toxicidade. [19]. Este processo permitirá, por conseguinte, imobilizar os metais pesados presentes no solo ao nível do sistema radicular das plantas e limitar o fluxo de poluentes para as profundezas do solo por escoamento superficial, atingindo assim as águas subterrâneas.

1.5.2. Fitodescontaminação

Fitoextração: Esta técnica explora a capacidade de certas plantas acumuladoras ou hiperacumuladoras transferirem metais pesados das suas raízes para o tecido foliar através de transportadores, com o objetivo de extrair poluentes de solos contaminados, armazenando-os na biomassa acima do solo. Os metais pesados presentes nos substratos são bioacumulados através das raízes das plantas até à parte colhível da planta (geralmente acima do solo), que é então removida do ambiente por ceifa. A colheita é repetida até que os níveis de contaminantes no solo atinjam níveis aceitáveis [18]. No que respeita ao tratamento da biomassa produzida, os autores mencionam frequentemente a incineração e a recuperação de energia. As cinzas, ou bio-nério, serão confinadas a aterros sanitários como resíduos perigosos ou recicladas em metalurgia.

Fitomineração: A biomassa poluída pode ser utilizada para recuperar metais: é a chamada fitomineração. Os metais obtidos pela fitomineração são muito puros e podem ser utilizados diretamente como catalisadores: é a chamada eco-catálise [20].

1.6. Efeitos dos solos de aterros sanitários no desempenho agronómico de culturas hortícolas

Para melhorar a fertilidade do solo nas zonas de horticultura comercial, os horticultores utilizam geralmente vários factores de produção agrícola, incluindo resíduos animais, resíduos verdes, lamas e resíduos domésticos. Estes últimos são geralmente recolhidos em lixeiras públicas perto dos campos. Os resíduos domésticos recolhidos nas lixeiras públicas e que contêm os subprodutos da criação de cabras e ovelhas podem ter um impacto positivo na produção hortícola, porque são uma fonte de nutrientes de baixo custo para os horticultores, que podem melhorar a estrutura do solo. Trata-se, portanto, de uma fonte de matéria orgânica fresca e transitória que pode contribuir para a fertilização do solo. A matéria animal é rica em elementos fertilizantes, ao passo que os resíduos vegetais são um precursor do húmus [21]. Em Jos (Nigéria), a correção do solo com cinzas de resíduos urbanos aumentou a produtividade agrícola [22]. A mesma observação foi feita num estudo realizado em Nagoundéré (Camarões), que mostrou que a utilização de estrume proveniente de resíduos urbanos é benéfica para fertilizar solos de hortas [23].

1.7 Efeito das culturas hortícolas na fitorremediação de solos de aterros sanitários

As culturas hortícolas são uma componente essencial das dietas urbanas, ricas em hidratos de carbono, proteínas, minerais e vitaminas. No entanto, quando os legumes são cultivados em aterros poluídos, podem acumular metais em concentrações elevadas que podem exceder as normas. Um estudo efectuado em aterros não controlados na cidade de Goma (República Democrática do Congo) mostrou que o amaranto cultivado em solos de aterros não controlados acumulava níveis elevados de Pb e Zn em comparação com a concentração máxima de referência [24]. Certos metais pesados, como o cobre, o zinco, o manganês, o ferro e o cobalto, acumulam-se no solo e são absorvidos pelas plantas, que deles necessitam para o seu crescimento e desenvolvimento. A quantidade acumulada pelas plantas depende não só de factores relacionados com os vegetais, mas também de factores relacionados com o solo. Veron efectuou observações semelhantes sobre a acumulação de Cd pelos vegetais [25].

II. MATERIAIS E MÉTODOS

1. Ambiente de estudo e local de amostragem

1.1 Ambiente de estudo

O ensaio foi realizado numa estufa, em vasos de vegetação, no Institut de recherche pour le développement (IRD) na cidade de Ouagadougou. A estufa tem as mesmas condições climáticas que a cidade de Ouagadougou, que tem um clima Sudano-Saheliano com uma precipitação média anual de 569 mm e uma temperatura média de 28,6°C.

1.2 Locais de amostragem do solo para lixeiras públicas não controladas

A realização deste estudo exigiu a recolha de amostras de solo em dois aterros sanitários anárquicos da cidade de Ouagadougou. Tratava-se de um aterro em Toudouwéogo e do aterro de uma antiga pedreira de tijolos na zona de Saaba. Estas duas lixeiras e outras lixeiras públicas ilegais foram cartografadas utilizando as suas coordenadas geográficas e o software ArcGIS versão 10.8 (Figura 1).

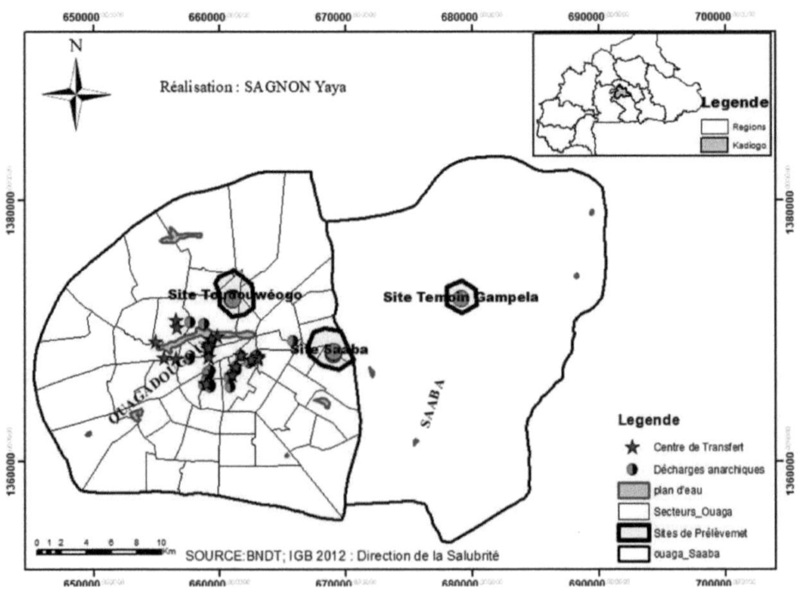

1Figura: Localização dos locais de amostragem do solo

2. material vegetal

Foram utilizadas duas plantas nesta experiência. Trata-se da alface (*Lactuca sativa L*) e do amaranto (*Amaranthus hybridus*). As sementes foram adquiridas em Ouagadougou na loja NAKOSEM, especializada na venda de sementes de hortas. Os critérios de seleção dos produtos da horta foram baseados na sua disponibilidade durante todo o ano e na sua popularidade junto da população local. Do ponto de vista sanitário, isto permitirá avaliar os riscos para a saúde associados ao consumo destas espécies, a fim de sensibilizar os agricultores para estas práticas agrícolas, mas também para a sua capacidade de acumular metais pesados, como demonstrado por numerosos estudos anteriores [23].

2.1. Alface

Esta planta pertence à família das Asteraceae, género Lactuca; espécie *Lactuca sativa*. É uma planta herbácea anual cultivada pelas suas folhas tenras, que são consumidas como legume, geralmente cruas e em saladas. A alface requer um solo rico em matéria orgânica, mas pode ser cultivada em qualquer tipo de solo, incluindo solos franco-arenosos, húmus e lodosos. <O pH do solo deve situar-se entre 6,0 e 8,0, uma vez que a alface não tolera solos ácidos (pH 5,5) [26]. A alface é uma hortaliça fresca de verão; as temperaturas elevadas e os níveis extremos de luminosidade provocam o endurecimento dos tecidos e a rápida chegada da fase de floração. Em boas condiçõesa alface germina normalmente entre 4 e 26°C durante um período de 1-4 dias e cresce melhor entre 15 e 18°C (com um mínimo de 7°C e um máximo de 24°C). Quando a temperatura sobe acima dos 18°C, a planta passa da fase de cabeça para a fase de floração [26]. Quando cultivada em solo contaminado, a alface pode acumular os TMEs contidos no solo. A alface é uma das muitas espécies hortícolas que acumulam metais pesados. Foi considerada uma espécie de risco acumulação de cádmio [17].

2.2. Amaranto

O amaranto (*Amaranthus hybridus*) é uma planta anual da família Amarantaceae, pertencente ao género Amaranthus, cultivada pelas suas folhas comestíveis. É uma planta C4, o que significa que é muito exigente em termos de energia luminosa. Segundo o MADRPM [27], o crescimento do amaranto pára completamente a 8°C. No entanto, cresce bem quando as temperaturas diurnas são superiores a 25°C e as temperaturas nocturnas não descem abaixo dos 15°C. O amaranto é bem adaptado à agricultura de subsistência devido à sua tolerância a condições ambientais desfavoráveis, como a salinidade, a acidez elevada, a seca e a diversidade do solo [28]. No entanto, um solo rico em matéria orgânica é ideal para uma produção rápida e elevada, uma vez que as sementes necessitam de um solo fértil e de humidade adequada para germinar. Grubben [29] acrescenta que um solo com um pH > 6 é ideal para um crescimento rápido e um rendimento elevado.

3. Métodos

3.1. Recolha de amostras de solo

O solo utilizado como controlo absoluto é um *Lixisol* na aldeia de Gampéla (12°25'N e 1°21'W) com caraterísticas conhecidas, uma vez que foi utilizado em muitos estudos anteriores e recentes no Burkina. Está situado na comuna de Saaba, 25 km a leste de Ouagadougou. O horizonte superficial (0 a 14 cm) foi amostrado. Dez (10) vasos de 10 kg de solo peneirado a 2 mm foram utilizados para a experiência. As caraterísticas do solo utilizado são apresentadas no Quadro 1.

1Quadro . Caraterísticas do solo utilizado como controlo absoluto

Variáveis do solo	Valores
Argila (%)	14,5
Silte (%)	28,05
Areia (%)	38,49
Textura	Areia e silte
C (g kg^{-1})	0,73
N (g kg^{-1})	0,05
C/N	14
P total (ppm)	1257
P assimilável (ppm)	1,3
Cálcio (Cmoles $^{(+)}$ Kg^{-1} sol)	1,81

Magnésio (Cmoles $^{(+)}$ Kg^{-1} sol)	1,85
Potássio (Cmoles $^{(+)}$ Kg^{-1} sol)	0,11
Sódio (Cmoles $^{(+)}$ Kg^{-1} sol)	0,04
S (Cmoles $^{(+)}$ Kg^{-1} sol)	3,81
CEC (Cmoles $^{(+)}$ Kg^{-1} de solo)	7,28
Taxa de saturação	52
pH da água	5,46

Os solos das lixeiras públicas foram amostrados em dois locais. Tratava-se do aterro de Toudouwéogo (TT) e do aterro de Saaba (TS), tendo em conta a sua grande superfície e a sua utilização por jardineiros. De cada aterro, foram retirados dez (10) vasos de 10 kg de solo cru, sem resíduos grosseiros. As várias amostras de solo foram transportadas para o IRD para serem preparadas e utilizadas no ensaio do vaso de vegetação.

3.2 Caracterização física dos resíduos de aterro

A caraterização dos resíduos sólidos num aterro fornece informações sobre a quantidade e a composição dos vários tipos de resíduos no aterro. A composição dos resíduos flutua geograficamente e ao longo do tempo. Os resultados de uma campanha de caraterização são, portanto, válidos localmente, para um determinado período, e podem ser utilizados para escolher o método de tratamento a aplicar ao aterro.

A caraterização física seguiu três fases importantes: amostragem do solo do aterro, categorização dos resíduos por triagem e determinação de cada fração de resíduos.

A primeira etapa consistiu em recolher cinco (05) kg de resíduos brutos de cada aterro em dez (10) pilhas de lixo. Após a recolha, a amostra composta foi transportada para o IRD para ser classificada por extração manual de partículas grandes em categorias e subcategorias de acordo com o tipo de resíduos. Cada categoria de resíduos foi então pesada para determinar a sua quantidade total na amostra

3.3. Preparação das amostras de solo

A fração de solo foi peneirada numa peneira de 2 mm de diâmetro para obter o solo fino. Os rejeitados e a terra fina foram pesados numa balança. Depois de retirados os rejeitos, a terra fina foi seca à temperatura ambiente e armazenada em dois sacos plásticos esterilizados. Um saco foi enviado à BUMIGEB para análise de metais pesados e o outro saco foi utilizado para outras análises químicas.

3.4. Dispositivo de tratamento experimental

O ensaio foi conduzido utilizando o delineamento experimental de Fisher. Os dois (02) solos de aterro sanitário foram tratados com alface ou amaranto, obtendo-se os seguintes tratamentos

- Solo do aterro sanitário de Toudouwéogo cultivado com amaranto (TTA) ;
- Solo do aterro sanitário de Saaba sob cultivo de amaranto (TSA) ;
- Controlo absoluto sob cultivo de amaranto (TAA) ;
- Solo do aterro sanitário de Toudouwéogo cultivado com alface (TTL) ;
- Solo do aterro sanitário de Saaba cultivado com alface (TSL) ;
- Controlo absoluto sob a alface (TAL).

A instalação consistiu em seis (06) tratamentos com cinco (05) réplicas. Um total de trinta (30) vasos foi utilizado durante a experiência, ou seja, quinze (15) vasos para o amaranto e quinze (15) vasos para a alface.

3.5. Realização do ensaio

O ensaio foi realizado de 05 de abril a 10 de junho de 2023. Para a amostragem do solo, dez (10) vasos foram preenchidos com 10 kg de solo de aterro de Toudouwéogo; dez (10) vasos preenchidos com 10 kg de solo de aterro de Saaba e dez (10) outros vasos preenchidos com 10 kg de solo de controlo retirado de Gampéla. Um total de trinta (30) vasos foram utilizados para recolher amostras de solo das lixeiras de Toudouwéogo e Saaba e de solo de controlo. Os vasos utilizados eram de plástico e tinham um volume de 10 litros. A humidade na capacidade de campo foi determinada antes de semear as sementes em cada vaso.

Umidade na Capacidade de Campo e Irrigação: Para determinar a quantidade de água para a pré-irrigação, a umidade na capacidade de campo (HCC) foi determinada em 03 de abril de 2023 em três (03) amostras de cada tratamento. Por definição, a CCH de um solo corresponde à água retida pelo solo após uma chuva e um período de reencharcamento de dois a três dias, com o solo protegido contra a evaporação. Foi determinada utilizando a fórmula da humidade na capacidade de campo em massa em percentagem. O fundo do vaso foi perfurado e fechado com uma tela de nylon com uma malhagem inferior a 2 mm. Determinou-se o peso seco (Ps). Em seguida, o solo foi saturado com água e o vaso foi seco durante 24 horas. O peso húmido Ph foi então determinado. Aplicando a fórmula HCC = (Ph - Ps) / Ps, a humidade na capacidade de campo foi de 0,150 kg (100 ml) de água por kg de solo de controlo e 0,200 kg (200 ml) de água por kg de solo de aterro. O resultado do HCC mostrou que era necessário 1l para a pré-irrigação do solo de controlo e 2l para os solos de aterro. A pré-irrigação foi efectuada no dia anterior à sementeira e a irrigação duas vezes (02) por semana (Quadro 2).

Quadro 2: Quantidade de água utilizada em cada rega

Irrigação	Quantidade de água em L		Datas
	Solo de controlo	Solo de aterro	
HCC	1	2	03/04/2023
Pré-irrigação	1	2	05/04/2023
03 JAS - 22 JAS	0,5	0,5	09/04 a 28/04/2023
24 JAS - 46 JAS	0,5	1	30/04 a 22/05/2023
48 JAS - 60 JAS	1	2	24/05 a 10/06/2023

Legenda: *HCC= Humidade da Capacidade de Campo; DAS= Dia após a sementeira.*

Semeadura: Após a determinação da humidade à capacidade de campo (HCC), que permitiu obter a dose de rega, as sementes foram semeadas precisamente no dia 06 de abril de 2023 nos diferentes vasos com 20 sementes para o amaranto e 10 sementes para a alface. A taxa média de germinação em seis (06) dias para o amaranto foi de 100% e de 80% para a alface. As plantas foram retiradas dos vasos uma semana após a germinação para manter duas plantas por vaso.

3.6. Recolha de dados agronómicos

Foram feitas observações e medições dos indicadores de crescimento, que são os parâmetros morfológicos e agronómicos do amaranto e da alface. Os dados foram recolhidos em intervalos de uma semana, desde o oitavo ($^{8°}$) dia de idade (DAS) até ao sexagésimo (60°) dia de idade (DAS). Os parâmetros medidos foram :

- **Taxa de emergência (TXL)**: É a percentagem de plantas de alface e amaranto que emergiram por vaso. A taxa de emergência foi determinada para cada planta no 7° $^{-°}$ DAS.
- **Altura da planta (AP):** A AP em cm das plantas foi medida do oitavo ao sexagésimo dia do mês para o amaranto e do quadragésimo nono ao sexagésimo dia do mês para a alface. Estas medições foram efectuadas com uma régua e uma fita métrica graduada em cm. As medidas foram efectuadas desde a coroa até ao gomo terminal.
- **Diâmetro da coroa (DC)**: O DC, em mm, foi medido com um paquímetro de 15th JAS a 60$^{(}$th) JAS para o amaranto e de 35th a 60th JAS para a alface.
- **Número de folhas (NF), plantas que floresceram (NFP) e flores por planta (NFP):** O NF, NFP e NFP foram determinados pela contagem de folhas, plantas que floresceram e flores por planta, respetivamente, até à colheita.
- **Biomassa vegetal:** A avaliação da produção de biomassa aquando da colheita consistiu numa separação, por tratamento, da biomassa aérea e radicular das plantas. A biomassa fresca acima do solo (AFB) e a biomassa fresca das raízes (FRB) foram determinadas por cultura e solo de aterro; a biomassa fresca total (TFB) foi determinada por pesagem. As várias biomassas foram depois secas em estufa a 40°C até atingirem um peso constante e pesadas. Foram também medidas a biomassa seca acima do solo (BAS), a biomassa seca das raízes (BRS) e a biomassa seca total (BTS) em g.

3.7. Processamento de amostras de plantas e solos

a) Preparação de amostras para análise química

Foi recolhida uma alíquota de cada amostra composta de solo antes da sementeira, a fim de avaliar os níveis de carbono total (C), azoto (N), fósforo (P) e potássio (K), P_assimilável, K_disponível, pH H_2O e KCl e o nível atual contaminação do solo por TME. A fim de ter em conta a heterogeneidade do meio, foi constituída uma amostra composta a partir do solo fino das amostras elementares consideradas durante a caraterização do aterro. Duas (02) amostras (solo fino dos aterros de Toudouwéogo e Saaba) foram utilizadas para estas análises. Estas análises foram efectuadas no laboratório CID INGENIERIE para a determinação dos elementos minerais

Quando as plantas foram colhidas, 75 dias após a sementeira, foram retiradas amostras de solo da rizosfera e misturadas para obter uma amostra composta com base nos diferentes tratamentos. O solo foi peneirado numa peneira de aço inoxidável de 2 mm de diâmetro. Foi efectuado um teste de respiração microbiana. Este consistiu em quantificar a libertação de CO_2 no solo após a incubação. Foi também determinado o pH do H_2O e do KCl. As medições de CO_2 e pH foram repetidas 3 vezes para cada amostra composta de solo por tratamento.

Para a análise dos metais pesados nas plantas, foi utilizada uma amostra composta da biomassa seca (aérea e radicular) após a colheita. Para a determinação de metais pesados, foi recolhida uma amostra composta de solos rizosféricos tratados com solo de aterro. O solo fino (peneirado a 2 mm) desta amostra composta foi utilizado para as análises. Foi analisado um total de 8 amostras de plantas e de solo (4 do aterro de Toudouwéogo e 4 do aterro de Saaba). Os níveis de metais pesados foram determinados no solo e nos órgãos vegetais da alface e do amaranto no Laboratório de Geoquímica do Bureau des Mines et de la Géologie du Burkina (BUMIGEB).

b) Determinação parâmetros orgânicos, químicos e biológicos do solo e metais pesados

- **Medição de parâmetros químicos e biológicos nos**

Os parâmetros do solo foram analisados para determinar :

- O pH H_20 de acordo com o método AFNOR [30] dos solos antes da sementeira e aquando da colheita. A acidez foi medida numa suspensão de solo com uma proporção de solo para água destilada ou KCl (1N) igual a 1/2,5, utilizando um medidor de pH com um elétrodo combinado.

- O carbono orgânico e o carbono total foram medidos utilizando o método Walkley-Black [31]. O teor de matéria orgânica foi obtido multiplicando o valor do teor de carbono por um coeficiente igual a 1,724.
- Azoto total (Nt) por colorimetria após digestão pelo método Kjeldahl [32].
- O fósforo assimilável e total foi o de Bray [33].
- Potássio total e disponível, após extração com uma solução mista de ácido clorídrico HCl 0,1 N e ácido sulfúrico H_2SO4, medido com um fotómetro de chama após mineralização.
- A respiração do solo foi medida através da libertação de CO_2 de amostras de solo incubadas utilizando o método Dommergues [34] a partir de solos colhidos no laboratório da UMR Eco&sols no IRD Ouagadougou.

- **Determinação de metais pesados e cálculo do índice de poluição do solo**

As análises dos teores de metais pesados foram efectuadas no laboratório do Bureau des Mines et de la Géologie du Burkina (BUMIGEB) nos solos antes da sementeira e aquando da colheita. As amostras de solo e de plantas foram primeiro secas à sombra, à temperatura ambiente, depois trituradas e peneiradas num peneiro de 63 micrómetros. Para preparar a solução líquida, foi feita uma mistura em tubos de ensaio com um (01) grama de cada amostra de solo e de planta, à qual foram adicionados dez (10) ml de ácido nítrico concentrado a 70% (HNO_3). Foi utilizado um sistema de digestão por micro-ondas (MARS 6) para digerir as misturas de reação a uma temperatura precisa. As amostras digeridas foram colocadas em balões volumétricos de 100 ml e completadas com água destilada até ao traço de aferição para assegurar uma homogeneização completa. A diluição foi efectuada de modo a ser compatível com o limiar de deteção do instrumento de análise. Uma vez decantados, os tubos de ensaio foram utilizados para colher cada amostra; o teor de cada TME foi determinado por um espetrómetro de absorção atómica (AAS) de chama. O aparelho utilizado foi um Perkin Helmer AAnalyst100.

O índice de poluição do solo (PI) é calculado como o rácio das concentrações de metais no solo com base nos valores-limite correspondentes aos níveis toleráveis de concentrações de metais (ETM) no solo de acordo com a norma AFNOR U44-41 [35].

I.P = (Cu/100 + Pb/100 + Zn/300) / 3

O IP é um critério utilizado para avaliar a toxicidade global de um solo contaminado. Um índice de poluição superior a 1 significa que o solo é considerado contaminado e tóxico [19]

3.8. Análise estatística

O EXCEL 2021 foi utilizado para introduzir os dados. O teste de Shapiro-Wilk foi utilizado para testar a normalidade dos dados agronómicos recolhidos. Os gráficos foram concebidos para analisar as alterações dos parâmetros morfológicos e fisiológicos do amaranto e da alface, bem como a respiração do solo sob os diferentes tratamentos em função do tempo. Para cada um dos parâmetros avaliados, foi efectuada uma análise de variância (ANOVA) e um teste de Tukey HSD de separação de médias ao nível de 5% sobre os parâmetros morfológicos e fisiológicos e a produção de biomassa na colheita em função dos tratamentos. Para estas análises foi utilizado o programa XLSTAT 4.1, 2023 (ADDINSOFT, 2023).

III. RESULTADOS E DISCUSSÃO

1. Resultados

1.1 Caraterísticas dos solos dos aterros de Toudouwéogo e Saaba

a) Caraterísticas físicas

Os resultados da Tabela 3 mostram que os resíduos de aterro têm uma composição heterogénea, com um teor de terra fina de 35% para o aterro de Toudouwéogo (TT) e para o aterro de Saaba (TS). Estão igualmente presentes resíduos indesejáveis, tais como plástico, pilhas, resíduos biomédicos, vidro e metais. No solo do aterro de Toudouwéogo, os resíduos médicos sólidos representam uma taxa de 2%, em comparação com 1,76% no solo do aterro de Saaba.

Tipo de resíduos	Solo do aterro sanitário de Toudouwéogo (TT)		Solo do aterro sanitário de Saaba (TS)	
	Peso (g)	%	Peso (g)	%
Putrescíveis	457,5	9,20	445,7	8,91
Papel	202,2	4,04	41,50	0,83
Metais	122,70	2,50	87,30	1,75
Vidro	377,2	7,54	321,30	6,43
	650,7	13,01	700,90	14,02
Cartão	156,8	3,14	92,60	1,85
Têxteis	185	3,70	81,00	1,62
Têxteis sanitários	104,1	2,08	82,80	1,66
Compósitos	259,6	5,20	119,10	2,38
Resíduos sólidos hospitalares	123,23	2,46	87,8	1,76
Combustíveis	592,8	10,9	946,80	18,94
Ótimo	1750,17	35,10	1993,20	39,86
Quantidade total retirada	5000	100	5000	100

Tabela 3. Caraterísticas físicas do solo do aterro

Legenda:*TS=Sol inicial da descarga de Saaba ; TT=Sol inicial da descarga de Toudouwéogo*

b) Caraterísticas químicas e minerais

O quadro 4 apresenta uma caraterização química dos solos de aterro através de parâmetros como pH H_20 e KCl, antes da sementeira, matéria orgânica (MO), carbono (C), azoto (N), fósforo total (P), potássio (K), P-assimilável disponível e potássio. Os valores médios de pH H_20 registados foram neutros nos dois solos de pré-plantação em

Toudouwéogo (7,01) e Saaba (6,92). Os valores médios de pH KCl registados nos solos de Toudouwéogo (7,06) e Saaba (7,07) antes da sementeira foram superiores ao pH H_20.

Os teores de C, N, P e K (Quadro 4) variam nos solos dos dois aterros. O teor de MO foi de 1,82% para o TT (solo do aterro de Toudouwéogo) em comparação com 1,67% para o TS (solo do aterro de Saaba). Os solos dos aterros tinham rácios C/N de 12 para TT e 10 para TS. O teor total de P dos solos foi de 5355,94 mg/kg e 5213,30 mg/kg para os solos dos aterros de Toudouwéogo e Saaba, respetivamente. O teor total de potássio K foi de 778,20 mg/kg para o TT e de 1119,84 mg/kg para o TS.

Caraterísticas Produtos químicos	**Piso do aterro de Toudouwéogo (TT)**	**Piso do aterro por Saab (TS)**
pH H_20	7,01	6,92
pH KCl	7,06	7,07
OM total (%)	1,82	1,69
Total C (%)	1,06	0,98
Total N (%)	0,09	0,10
C/N	12	10
P total (mg/kg)	5355,94	5213,30
K total (mg/kg)	778,20	1119,84
P assimilável (mg/kg)	3,27	2,32
K disponível (mg/kg)	142,53	125,02

Tabela 4. Caraterísticas químicas do solo do aterro

Legenda: *OM = Matéria orgânica; C = Carbono; N = Azoto; P = Fósforo; K = Potássio; TS = Solo inicial do aterro de Saaba; TT = Solo inicial do aterro de Toudouwéogo.*

c) Teor de metais pesados

Os resultados do teor de MTE nos solos dos aterros são apresentados no Quadro 5; mostram uma diferença no teor de cada MTE nos dois solos dos aterros. O Zn é o elemento com o teor mais elevado em ambos os solos, em comparação com os outros elementos. Ambos os solos dos aterros têm um índice de poluição muito superior a 1 (8,15 para o solo do aterro de Saaba e 7,50 para o solo do aterro de Toudouwéogo). Em comparação com a norma AFNOR, os níveis dos três TMEs (Cu, Pb e Zn) excedem largamente os níveis máximos de TMEs em solos agrícolas.

Tabela 5. Teor de TME no solo do aterro antes do semi-enchimento e índice de poluição

Tratamentos	Teor (mg/kg			Índice de poluição
	Cu	Pb	Zn	(IP)
TS	112,40	131,12	6600,00	8,15
TT	171,40	162,36	5750,00	7,50
Norma AFNOR U44-41	100	100	300	1

Legenda*: TS = Solo inicial do aterro de Saaba; TT = Solo inicial do aterro*

1.2 Efeito dos solos de aterro nos parâmetros morfológicos e agronómicos do amaranto e da alface

a) Alterações dos parâmetros morfológicos do amaranto

- **Altura das plantas**

A evolução das alturas médias das plantas em função dos diferentes tratamentos é apresentada na figura 2a. A análise da figura mostra uma evolução crescente da altura das plantas para o tratamento TTA (Toudouwéogo sob cultura do amaranto), seguido respetivamente pelos tratamentos TSA (Saaba sob cultura do amaranto) e TAA (Controlo absoluto sob cultura do amaranto) de 8th a 60th JAS. ±±O quadro 6 mostra um melhor desenvolvimento da altura da planta (AP) do amaranto, que varia entre 81,95 e 6,88 cm no tratamento TSA e 3,69 e 6,88 cm no tratamento TAA. <O teste ANOVA e TukeyHSD de separação de médias ao nível de (5%) mostrou uma diferença altamente significativa (P 0,0001) entre as alturas das plantas sob os tratamentos TTA e TSA em comparação com o tratamento TAA (Quadro 6).

- **Diâmetro no colarinho**

A figura 2b mostra que o tratamento TTA melhorou o crescimento em diâmetro das plantas de amaranto, seguido, respetivamente, pelos tratamentos TSA e TAA dos 15th aos 60th DAS. ±A observação no quadro 6 mostra um melhor crescimento do diâmetro do colo do amaranto 16,86 0,88 mm sob TTA contra 1,97±0,88 mm sob TAA que apresentou a evolução mais fraca da espessura das plantas. <A ANOVA e o teste de TukeyHSD de separação das médias ao nível de 5% revelaram uma diferença muito

significativa (P 0,0001) entre o diâmetro da copa no tratamento TTA em relação aos tratamentos TSA e TAA (quadro 6)

- **Número de folhas e ramos**

As figuras 2c e 5d mostram que o tratamento TTA aumentou o número de folhas e a ramificação das plantas de amaranto, seguido respetivamente por TSA e TAA dos 8th aos 60th dias após a plantação. ±±O quadro 6 mostra que o tratamento TTA registou o maior número de folhas nas plantas de amaranto, ou seja, 61,40 7,07, em comparação com 8,40 7,07 no tratamento TAA, que registou o menor número de folhas. ±±Quanto ao número de ramos (NR), o tratamento TTA registou 14,00 2,24 em comparação com 0,00 00 00 sob TAA. <A ANOVA e o teste de TukeyHSD de separação das médias ao nível de 5% revelaram uma diferença muito significativa (P 0,0001) do número de folhas das plantas no tratamento TTL em relação aos tratamentos TAL e TSL (quadro 6)

- **Número de flores e plantas em flor**

As figuras 2e e 5f mostram que o tratamento TTA aumentou o número de plantas floridas e de flores das plantas de amaranto, seguido, respetivamente, pelos tratamentos TSA e TAA de 49 th a 60 th dias antes da colheita. ±±O quadro 6 mostra que o tratamento TTA registou uma média de 2,20 0,69 plantas de amaranto que floresceram (NPF), em comparação com 0,00 0,69 no tratamento TAA. ±±Quanto ao número de flores por planta (NFP), o tratamento TTA registou 2,20 2,24, contra 0,00 00 no tratamento TAA.

- **Taxa de elevação**

A taxa de emergência do amaranto (TXL) foi determinada aos 7 th DAS. ±±O quadro 6 mostra uma taxa de emergência muito boa para todos os tratamentos (99 1,20 para TAA; 98 1,20 para TSA e 96 ±1,34 para TTA). =A ANOVA e o teste de TukeyHSD para a separação das médias ao nível de 5% mostraram que não havia diferença significativa (P 0,282) entre os tratamentos em termos de taxa de emergência (Quadro 6).

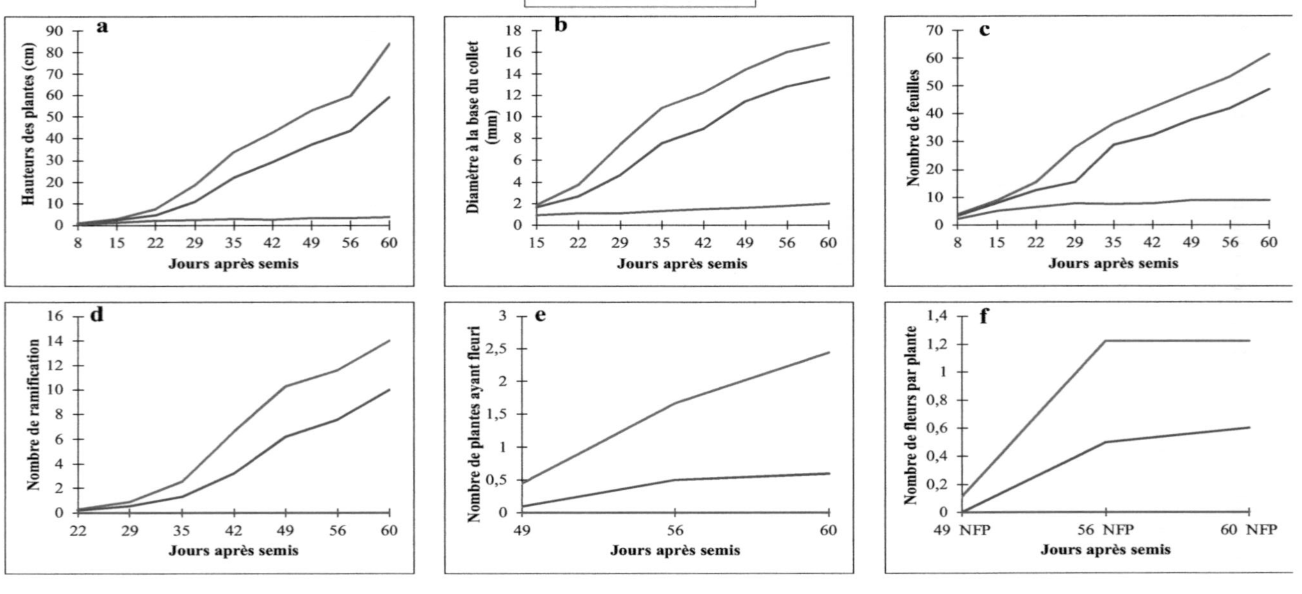

2Figura n° : Alterações dos parâmetros morfológicos do amaranto em função dos solos de aterro

Legenda: *TTA = solo do aterro sanitário de Toudouwéogo cultivado com amaranto; TSA = solo do aterro sanitário de Saaba cultivado com amaranto; TAA = controlo absoluto cultivado com amaranto.*

Tratamentos	TXL	HP	DP	NF	NR	NPF	NFP
	(%)	(cm)	(mm)				
TTA	96±1,34a	81,95±6,88b	16,86±0,88c	61,40±7,07b	14,00±2,24b	2,20±0,69a	2,20±0,69a
TSA	98±1,20a	58,78±7,26b	13,53±0,93b	50,44±7,45b	11,00±2,36b	0,67±0,73a	0,67±0,73a
TAA	99±1,20a	03,69±6,88a	01,97±0,88a	08,40±7,07a	00,00±2,24a	0,00±0,69a	0,00±0,69a
P	0,282	< 0,0001	< 0,0001	< 0,0001	0,000	0,088	0,088
Significado	NS	HS	HS	HS	HS	NS	NS

Tabela 6. Efeito dos solos de aterro nos parâmetros morfológicos do amaranto

Legenda: *TTA = Solo das lixeiras de Toudouwéogo sob cultivo de amaranto; TSA = Solo das lixeiras do SAABA sob cultivo de amaranto; TAA = Controlo absoluto sob cultivo de amaranto; TXL= Taxa de emergência de sementes; HP= Altura da planta; DP= Diâmetro r da planta; NF = Número de folhas; NR = Número de ramos; NPF = Número de plantas que floresceram; NFP = Número de flores por planta. Os números são as médias ± erros padrão dos parâmetros avaliados. P: Probabilidade de acordo com a ANOVA ao nível de significância de 5%. Médias ± erros padrão na mesma coluna com a mesma letra não diferem significativamente de acordo com o teste TukeyHSD ao nível de significância de 5%. $P < 0,05$: significativo (S); $P \leq 0,01$: altamente significativo (HS); $P \leq 0,001$ (HS): altamente significativo; $P \geq 0,05$: não significativo (NS).*

b) Alterações dos parâmetros morfológicos da alface

- **Altura das plantas**

A figura 3a mostra a variação da altura média das plantas em função dos diferentes tratamentos. Esta figura mostra que o tratamento TTL melhorou a altura das plantas de alface (HP), seguido respetivamente pelos tratamentos TSL e TAL de 49th a 60th dias antes da colheita. ±±±A observação no Quadro 7 mostra um melhor crescimento da altura das plantas de alface 20,50 0,84 cm no tratamento TTL contra 1,55 0,79 e 1,50 0,79, respetivamente, nos tratamentos TSL e TAL. <O teste ANOVA e TukeyHSD de separação de médias ao nível de 5% mostrou uma diferença altamente significativa (P 0,0001) entre as alturas das plantas sob o tratamento TTL em comparação com tratamentos TSL e TAL (Quadro 7)

- **Diâmetro no colarinho**

A figura 3b mostra que o tratamento TTL melhorou o crescimento do diâmetro das plantas de alface, seguido, respetivamente, pelos tratamentos TAL e TSL de 35th a 60th dias após a colheita (Figura 3b). ±A Tabela 7 mostra um maior aumento no diâmetro do colo (DC) da alface (9,32 0,80 mm) sob TTL comparado com 3,16±0,76 mm sob TSL, que mostrou a menor mudança na espessura da planta. <A ANOVA e o teste de TukeyHSD de separação das médias ao nível de 5% revelaram uma diferença muito significativa (P 0,0001) entre os DC no tratamento TTL em relação aos tratamentos TSL e TAL (quadro 7)

- **Número de folhas**

A figura 3c mostra que o tratamento TTL aumentou o número de folhas das plantas de alface, seguido respetivamente pelos tratamentos TAL e TSL dos 8th aos 60th dias antes da colheita. Assim, o número médio de folhas (NF) variou de 02 a aproximadamente 14 folhas por planta. ±±±O quadro 7 mostra que o tratamento TTL registou o maior número de folhas nas plantas de alface (13,89 0,87) em comparação com 6,40 0,82 e 2,70 0,83, respetivamente, nos tratamentos TAL e TSL, que registaram o menor número de folhas nas plantas. <A ANOVA e o teste de TukeyHSD de separação de médias no limiar de 5% mostraram uma diferença altamente significativa (P 0,0001)

entre o número de folhas nas plantas sob o tratamento TTL em comparação com tratamentos TAL e TSL (Quadro 7)

- **Taxa de elevação**

O quadro 7 mostra uma taxa de emergência (TXL) muito boa para todos os tratamentos (99±1,45 em TAL; 98±1,29 em TSL; 97±1,29 em TTL). =A ANOVA e o teste de TukeyHSD para a separação das médias no limiar (5%) mostraram que não houve diferença significativa (P 0,499) entre os tratamentos em termos de taxa de emergência.

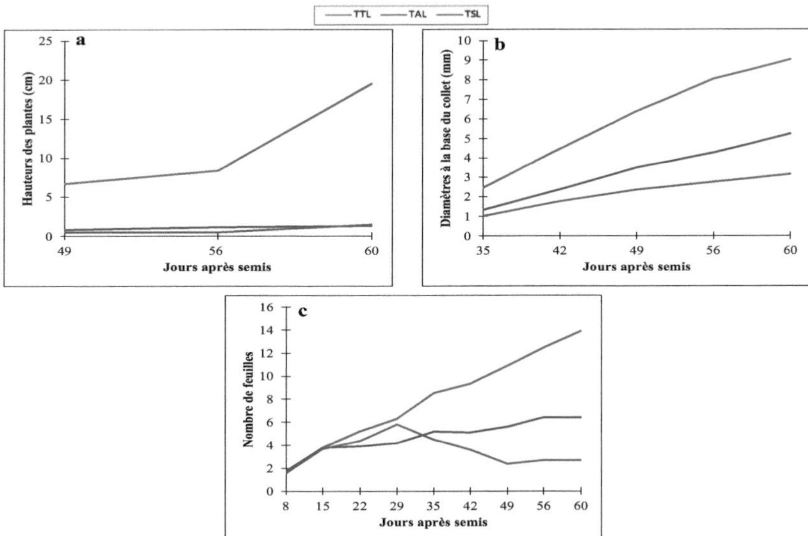

3Figura n°: Alterações nos parâmetros morfológicos da alface em função dos solos de aterro

Legenda: *DAS = dias após a sementeira; TTL = solo de aterro de Toudouwéogo sob cultivo de alface; TSL = solo de aterro de Saaba sob cultivo de alface; TAL = controlo absoluto sob cultivo de alface.*

Tabela 7. Efeito dos solos de aterro nos parâmetros morfológicos da alface

Tratamentos	**TXL**	**HP**	**DP**	**NF**
	(%)	**(cm)**	**(mm)**	
TTL	97±1,29 a	20,50±0,84b	9,32±0,80b	13,89±0,87c
TSL	98±1,29 a	01,55±0,79a	3,16±0,76a	02,70±0,83a
TAL	99±1.45 a	01,50±0,79a	5,27±0,76a	06,40±0,83b
P	0,499	<0,0001	<0,0001	<0,0001
Significado	TS	HS	HS	HS

***Legenda**: TTL = Solo das lixeiras de Toudouwéogo sob cultivo de alface; TSL = Solo das lixeiras de Saaba sob cultivo de alface; TAL = Controlo absoluto sob cultivo de alface; TXL= Taxa de emergência de sementes; HP= Altura da planta; DP= Diâmetro da planta r; NF = Número de folhas; Os números são as médias ± erros padrão dos parâmetros avaliados. P: Probabilidade de acordo com a ANOVA ao nível de significância de 5%. Médias ± erros padrão da mesma coluna com a mesma letra não diferem significativamente de acordo com o teste TukeyHSD ao nível de 5% de significância. P < 0,05: significativo (S); P ≤ 0,01: altamente significativo (HS); P ≤ 0,001 (HS): altamente significativo; P ≥ 0,05: não significativo (NS).*

c) Efeito dos solos de aterro na produção de biomassa de amaranto e de alface

- **Biomassa fresca acima do solo e das raízes**

±±A biomassa fresca acima do solo (BAF) do amaranto sob o tratamento TTA variou significativamente (P <0,0001) de 622,92 36,91 g para 404,98 36,91 g sob o tratamento TSA e 0,70±41,27 sob o tratamento TAA (Tabela 8). Os valores de BAF sob os tratamentos TSA e TTA foram significativamente diferentes. ±A biomassa fresca da raiz (FRB) não variou significativamente entre TTA (51,54±6,48 g) e TSA (46,92 6,48) g, mas foi altamente significativa (P <0,0001) g sob TAA (0,04±7,25).

±±Para a alface, a AFB sob o tratamento TTL variou significativamente (P <0,000) de 155,82±12,93 g para 11,84 12,93 g sob TSL e 8,63 14,45 g sob TAL. A ANOVA e o teste de TukeyHSD para separação de médias no limiar (5%) mostram que não há diferença significativa entre os tratamentos TSL e TAA. <±±±A biomassa fresca da raiz (RCB) foi altamente significativa (P 0,0001) sob TTL (4,43 0,54 g) em comparação com a obtida sob TSL (0,42 0,54g) e TAA (0,47 0,60 g).

- **Biomassa fresca total**

A biomassa fresca total (BTF) de ambos os solos de aterro para as culturas aumentou significativamente em comparação com o solo de controlo absoluto. <±±±O amaranto sob o tratamento TTA aumentou significativamente (P 0,0001) a BTF de 674,46 41,05 g para 451,90 41,05 g sob TSA e 0,74 45,89 g sob TAA . <±±±Para a BTF da alface, o tratamento TTA aumentou significativamente (P 0,0001) de 160,25 13,46 g para 12,26 13,46 g sob TSA e 9,09 15,04 g sob TAA (Quadro 8).

- **Biomassa seca da parte aérea e das raízes**

±±±A biomassa seca acima do solo (DAB) do amaranto variou significativamente de 81,5 4,49 g sob TTA para 51,3 4,49 g sob TSA e 0,1 5,01g sob .
(Quadro 8). ±±<±A biomassa seca da raiz (DRB) do amaranto não variou significativamente entre os tratamentos TTA (7,04 1,30 g) e TSA (7,36 1,30 g), mas foi significativamente melhorada (P 0,0001) em comparação com a TAA (0,02 1,45 g).

±±±Para a alface, o BAS variou significativamente sob TTL (14,28 1,18g) em comparação com os dois tratamentos TSL (1,61 1,18g) e TAL (0,76 1,32g). ±±±O BRS aumentou significativamente (P <0,0001) sob TTL (0,94 1,11g) em comparação com os tratamentos TSL (0,10 0,11g) e TAA (0,11 0,12g).

- **Biomassa seca total**

A biomassa seca total (BTS) de ambos os solos de aterro para as culturas foi significativamente melhorada em comparação com a registada sob o controlo absoluto. ±±±O tratamento TTA aumentou significativamente (P <0,0001) a BTS em 88,50 5,22g em comparação com 58,66 5,22g sob TSA e 0,17 5,84g sob TAA. ±±±O tratamento TTA aumentou significativamente (P <0,0001) o BTS da alface, de 15,22 1,27g para 1,71 1,27g sob TSA e 0,87 1,42g sob TAA (Tabela 8).

Tabela 8. Efeito dos solos de aterro na produção de biomassa de amaranto e alface aquando da colheita

Tratamentos	BAF (g)	RCW (g)	BTF (g)	BAIXO (g)	BRS (g)	BTS (g)
TTA	622,92±36,91c	51,54±6,48b	674,46±41,05c	81,5±4,49c	7,040±1,30b	88,50±5,22c
TSA	404,98±36,91b	46,92±6,48b	451,90±41,05b	51,3±4,49b	7,36±1,30b	58,66±5,22b
TAA	0,70±41,27a	0,04±7,25a	0,74±45,89a	0,15±5,01a	0,02±1,45a	0,17±5,84a
P	<0,0001	0,0001	<0,0001	<0,0001	0,005	<0,0001
Significado	HS	HS	HS	HS	HS	HS
TTL	155,82±12,93b	4,43±0,54 b	160,25±13,46b	14,28±1,18b	0,94±0,11b	15,22±1,27b
TSL	11,84±12,93a	0,42±0,54 a	12,26±13,46a	1,61±1,18a	0,10±0,11a	1,71±1,27a
TAL	8,63±14,45a	0,47±0,60 a	9,09±15,04a	0,76±1,32a	0,11±0,12a	0,87±1,42a
P	<0,0001	0,000	<0,0001	<0,0001	0,000	<0,0001
Significado	HS	HS	HS	HS	HS	HS

Legenda : *TTA = Solo das lixeiras de Toudouwéogo sob cultivo de amaranto; TSA = Solo das lixeiras de Saaba sob cultivo de amaranto; TAA = Controlo absoluto sob cultivo de amaranto; TTL = Solo das lixeiras de Toudouwéogo sob cultivo de alface; TSL = Solo das lixeiras de Saaba sob cultivo de alface; TAL = Controlo absoluto sob cultivo de alface; BAF = Biomassa fresca acima do solo; BRF = Biomassa fresca da raiz; BAS = Biomassa fresca acima do solo; BRS = Biomassa fresca da raiz; BTF = Biomassa fresca total; BTS = Biomassa seca total; Os números são as médias ± erros padrão dos parâmetros avaliados. P: Probabilidade de acordo com a ANOVA ao nível de significância de 5%. Médias ± erros padrão da mesma coluna com a mesma letra não diferem significativamente de acordo com o teste TukeyHSD ao nível de significância de 5%.* $P < 0,05$*: significativo (S);* $P \leq 0,01$*: muito significativo (VS);* $P \leq 0,001$ *(HS): altamente significativo;* $P \geq 0,05$*: não significativo (NS).*

1.3. Fertilidade do solo de aterros sanitários onde são cultivados amaranto e alface

a) Efeito na respiração do solo

As figuras 4a e 4b mostram a evolução da libertação de CO_2 pela biomassa microbiana do solo para o amaranto e a alface, respetivamente, em função de períodos que vão de uma hora após a incubação (1HAI) a 22 dias após a incubação (22JAI). Estas figuras mostram que as curvas formadas pelos tratamentos TTA, TSA, TTL e TSL em função dos períodos de incubação são bem superiores às curvas dos tratamentos TAA e TAL.

O quadro 9 mostra que a libertação microbiana de $CO_{(2)}$ dos solos sob os tratamentos TTA e TSA foi significativamente mais elevada sob o amaranto do que sob o controlo TAA a 96HAI, 5JAI, 11 JAI,16 JAI e 22 JAI. <A ANOVA ao nível de 5% mostra uma diferença altamente significativa na libertação de CO_2 (p 0,001) entre os dois tratamentos, TTA e TSA, em comparação com TAA.

Sob cultivo de alface, os tratamentos TTL e TSL aumentaram significativamente a libertação de CO_2 microbiano dos solos a 1 HAI, 96HAI, 16 JAI e 22 JAI em comparação com o controlo TAL (Quadro 9). Aos 5 e 11 anos, os 3 tratamentos afectaram a libertação de CO_2 microbiano de forma diferente, com os valores mais elevados obtidos no tratamento TSL.

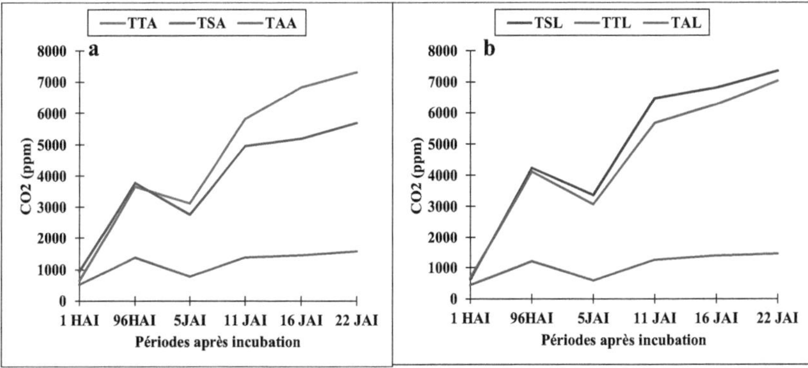

4Figura n°: Evolução da libertação de $CO_{(2)}$ de solos de aterro sanitário sob cultivo de amaranto (a) e alface (b) em função dos períodos de incubação.

Legenda : *TTA = Solo de aterro de Toudouwéogo sob cultura de amaranto; TSA = Solo de aterro de Saaba sob cultura de amaranto; TAA = Controlo absoluto sob cultura de amaranto; TTL = Solo de aterro de Toudouwéogo sob cultura de alface; TSL = Solo de aterro de Saaba sob cultura de alface; TAL = Controlo absoluto sob cultura de alface; HAI = Horas após incubação; JAI = Dias após incubação.*

Tabela 9. Quantidade de CO_2 libertado dos solos cultivados com amaranto e alface durante cada período de incubação

Tratamentos	**1 HAI**	**96HAI**	**5JAI**	**11 JAI**	**16 JAI**	**22 JAI**
			CO_2 (ppm)			
TTA	645,00±85,03ab	3655,00±246,69 b	3135,00±149,81b	5825,00±611,76b	6845,00±584,04b	7330,00±499,49b
TSA	956,67±69,43b	3783,33±201,42b	2780,00±122,32b	4960,00±499,50b	5180,00±476,86b	5683,33±407,83b
TAA	530,00±69,43a	1396,67±201,42a	780,00±122,32a	1393,33±499,50a	1450,00±476,86a	1583,33±407,83a
P	0,018	0,001	<0,0001	0,004	0,002	0,001
Significado	TS	HS	HS	HS	HS	
TSL	636,67±31,19b	4236,67±380,79b	3346,67±47,52c	6470,00±179,42 c	6796,67±149,35 b	7035,00±197,07b
TTL	700,00±25,47b	4130,00±310,92b	3065,00±38,80b	5675,00±146,49b	6265,00±182,91 b	7366,67±241,36b
TAL	463,33±25,47a	1230,00±310,92a	0603,33±38,80a	1266,67±146,46a	1386,67±149,35a	1453,33±197,07a
P	0,004	0,002	<0,0001	<0,0001	<0,0001	<0,0001
Significado	HS	HS	HS	HS	HS	

Legenda : *TTA = Solo das lixeiras de Toudouwéogo sob cultivo de amaranto; TSA = Solo das lixeiras de Saaba sob cultivo de amaranto; TAA = Controlo absoluto sob cultivo de amaranto; TTL = Solo das lixeiras de Toudouwéogo sob cultivo de alface; TSL = Solo das lixeiras de Saaba sob cultivo de alface; TAL = Controlo absoluto sob cultivo de alface; HAI = Horas após incubação; JAI= Dias após incubação; Os números são as médias ± erros padrão dos parâmetros avaliados. P: Probabilidade de acordo com a ANOVA ao nível de significância de 5%. Médias ± erros padrão da mesma coluna com a mesma letra não diferem significativamente de acordo com o teste TukeyHSD ao nível de significância de 5%. $P < 0,05$: significativo (S); $P \leq 0,01$: muito significativo (VS); $P \leq 0,001$ (HS): altamente significativo; $P \geq 0,05$: não significativo (NS).*

b) Efeitos no potencial hidrogeniónico dos solos

O quadro 10 mostra os valores médios do pH H_2O e do pH KCl aquando da colheita. Os valores médios de pH H_2O dos tratamentos Toudouwéogo (7,59±0,02 sob amaranto 7,75±0,01 sob alface) e Saaba (7,64±0,02 sob amaranto 7,76±0,01 sob alface) são muito significativos em relação ao tratamento de controlo absoluto (5,94±0,01 sob amaranto 6,45±0,01 sob alface). Não se registou uma diferença significativa no pH H_2O entre os tratamentos TTA e TSA e os tratamentos TTL e TSL. <No entanto, foi observada uma diferença altamente significativa entre o solo do aterro e o solo de controlo (P 0,0001).

Os valores médios do pH KCl dos diferentes solos após a colheita foram ligeiramente inferiores aos valores do pH da água para todas as culturas (Quadro 10). ±±Para o amaranto, o pH KCl foi de 7,34±0,01 em TTA, 7,51 0,01 em TSA e 5,43 0,01 em TAA. ±±Em alface, o pH do tratamento foi de 7,52 0,01 em TTL, 7,54±0,01 em TSL e 5,98 0,01 em TAL. Foi observado um aumento significativo do pH do KCl entre TTA, TSA e TSA para a cultura do amaranto. Os tratamentos TTL e TSL aumentaram significativamente os valores de pH KCl em comparação com TAL.

Quadro 10. Comparação do potencial hidrogeniónico dos solos de aterros onde se cultivam amaranto e alface

Tratamentos	**pH H_2O**	**pH KCl**
TTA	7,59±0,02b	7,34±0,01b
TSA	7,64±0,02b	7,51±0,01c
TAA	5,94±0,01a	5,43±0,01a
P	<0,0001	<0,0001
Significado	TS	HS
TTL	7,75±0,01b	7,52±0,01b
TSL	7,76±0,01b	7,54±0,01b
TAL	6,45±0,01a	5,98±0,01a
P	<0,0001	<0,0001
Significado	HS	HS

Legenda: TTA = *Solo das lixeiras de Toudouwéogo sob cultivo de amaranto; TSA = Solo das lixeiras de Saaba sob cultivo de amaranto; TAA = Controlo absoluto sob cultivo de amaranto; TTL = Solo das lixeiras de Toudouwéogo sob cultivo de alface; TSL = Solo das lixeiras de Saaba sob cultivo de alface; TAL = Controlo absoluto sob cultivo de alface; Os números são as médias ± erros-padrão dos parâmetros avaliados. P: Probabilidade de acordo com a ANOVA ao nível de significância de 5%. Médias ± erros padrão na mesma coluna com* *a mesma letra não diferem significativamente de acordo com o teste TukeyHSD ao nível de 5% de significância. $P < 0,05$: significativo (S); $P \leq 0,01$: muito significativo (VS); $P \leq 0,001$ (HS): altamente significativo; $P \geq 0,05$: não significativo (NS).*

1.4 Efeito das plantas de amaranto e alface na fitorremediação de solos de aterros sanitários em termos de TMEs

Os resultados do teor de TME no solo após o cultivo são apresentados no quadro 11. As duas espécies vegetais cultivadas nos solos dos aterros de Toudouwéogo e Saaba acumularam quantidades de metais nos seus órgãos vegetativos, contribuindo assim para a redução dos seus teores no solo. Em termos de proporções, registou-se uma redução (20% Cu, Pb e Zn) do teor destes três TME no solo de Saaba cultivado com alface (TSL), e uma redução (28% Cu, Pb e Zn) no mesmo solo cultivado com amaranto (TSA). No solo do aterro sanitário de Toudouwéogo, observou-se uma diminuição de (13% Cu; 23% Pb e 19% Zn) no teor de metais do solo após a cultura de amaranto (TTA) em comparação com (10% Cu; Pb e Zn) sob a cultura de alface (TSA). Assim, no mesmo solo, não houve grande diferença na redução de TMEs entre as duas espécies de plantas. Em comparação com a norma CMR (10 mg/kg de Cu; 3 mg/kg de Pb; 0,5 mg/kg de Zn), as duas espécies de plantas cultivadas nos solos dos dois aterros acumulam níveis muito superiores a esta norma.

O índice de poluição dos solos de aterro sanitário cultivados com espécies vegetais (quadro 12) foi consideravelmente reduzido em relação aos solos iniciais antes do cultivo (quadros 5 e 12). ≤Também para este índice, foi observada uma diferença entre os solos de Saaba (IP=1,6) e Toudouwéogo (IP=6), que excederam largamente a norma de poluição (IP 1).

Tabela 11. Teor de TME das plantas de amaranto e alface e do solo do aterro

Tratamentos	**Amostras de plantas e de solo**	**Teor (mg/kg)**		
		Cu	**Pb**	**Zn**
			Planta	
TTL	Planta de alface sob o solo do aterro sanitário de Toudouwéogo	21,44	19,26	1011
TSL	Planta de alface sob o solo das lixeiras de Saaba	12,45	19,26	123,6
TTA	Planta de amaranto sob o solo das lixeiras de Toudouwéogo	94,63	32,45	423
TSA	Planta de amaranto sob o solo das lixeiras de Saaba	14,9	25,85	136,7
Padrão	CMR (Produtos hortícolas de folha comestível)	≤ 10	≤ 3	≤ 0,5
			Solo	
TTL	Solo de aterro sanitário de Toudouwéogo cultivado com alface	155,18	138,06	4590
TSL	Solo de aterro sanitário de Saaba cultivado com alface	90,5	118,27	837
TTA	Solo de aterro sanitário de Toudouwéogo cultivado com amaranto	148,18	124,18	4655
TSA	Solo dos aterros sanitários de Saaba cultivado com amaranto	80,58	118,27	906
Normas	AFNOR U44-41	≤ 100	≤ 100	≤ 300

Legenda: *TTA = solo do aterro sanitário de Toudouwéogo cultivado com amaranto; TSA = solo do aterro sanitário de Saaba cultivado com amaranto; TAA = controlo absoluto cultivado com amaranto; TTL = solo do aterro sanitário de Toudouwéogo cultivado com alface; TSL = solo do aterro sanitário de Saaba cultivado com alface; CMR: concentração máxima regulamentar*

Tabela 12. Índice de poluição (IP) dos solos cultivados com amaranto e alface

Tratamentos	Amostras de solo	IP
TTL	Solo de aterro sanitário de Toudouwéogo cultivado com alface	6,07
TSL	Solo de aterro sanitário de Saaba cultivado com alface	1,62
TTA	Solo de aterro sanitário de Toudouwéogo cultivado com amaranto	6,08
TSA	Solo dos aterros sanitários de Saaba cultivado com amaranto	1,66
	Norma AFNOR U44-41	**≤IP 1**

Legenda: *TTA = solo do aterro sanitário de Toudouwéogo cultivado com amaranto; TSA = solo do aterro sanitário de Saaba cultivado com amaranto; TAA = controlo absoluto cultivado com amaranto; TTL = solo do aterro sanitário de Toudouwéogo cultivado com alface; TSL = solo do aterro sanitário de Saaba cultivado com alface; IP= índice de poluição.*

2. Discussão

2.1. Caraterísticas do solo dos aterros de Saaba e Toudouwéogo

As várias análises químicas e microbiológicas efectuadas em solos de aterros mostram que estes contêm matéria orgânica e nutrientes. Muitos autores demonstraram que as alterações orgânicas fornecem nutrientes essenciais para as plantas e ajudam a manter o pH próximo do neutro, tornando os nutrientes mais disponíveis [36].

No nosso estudo, obtivemos valores de pH neutro H_20 nos solos de aterro antes da sementeira, o que teria aumentado favoravelmente os níveis de potássio disponível e de fósforo assimilável nas amostras de solo. O pH é um parâmetro essencial para as plantas. Quando o pH está próximo do neutro (6,5-7,5), a disponibilidade de nutrientes essenciais como o azoto, o fósforo, o potássio e outros oligoelementos contidos no solo é máxima [37]. Os valores de pH KCl registados permanecem ligeiramente mais elevados do que os valores de pH H_20 para os solos antes da sementeira. O pH KCl é geralmente muito inferior ao pH H_2O, exceto nos solos que contêm muitos óxidos metálicos [38]. Este resultado já nos permite colocar a hipótese de uma maior presença de catiões metálicos em amostras de solo de aterro sanitário antes da sementeira. Os nossos resultados são semelhantes aos de um estudo efectuado em solo de aterro em Ahfir-Saidia (Marrocos), que revelou que o solo de aterro está consideravelmente contaminado por muitos metais, com concentrações próximas ou muito acima dos valores-limite recomendados [39]. No entanto, os valores de pH KCl eram inferiores a pH H_2O nos solos pós-colheita. Em geral, estas amostras de solo apresentavam um teor bastante baixo de óxidos metálicos [38]. Isto pode ser justificado pelo facto de as plantas terem contribuído para o esgotamento dos óxidos metálicos no solo. Uma grande proporção de metais seria, por conseguinte, sequestrada nos tecidos vegetais [40].

O teor de matéria orgânica (MO) das amostras de solo de aterro sanitário revela um teor de MO bastante elevado. Estes resultados estão de acordo com os de Niang, que afirma que os resíduos sólidos urbanos são uma fonte de matéria orgânica [21]. Contêm níveis muito elevados de matéria orgânica fresca e transitória, que é um precursor do húmus, e também contêm compostos minerais em várias formas, que podem contribuir para a fertilização do solo e, assim, aumentar o rendimento das culturas [41]. O teor de MO pode ser explicado pela libertação de carbono associada à decomposição dos resíduos contidos nos solos. Um elevado teor de carbono conduz a um elevado teor de matéria orgânica. O pH também desempenha um papel importante no teor de carbono, uma vez que um aumento do pH aumenta a taxa de mineralização da matéria orgânica e, por conseguinte, o teor de carbono, azoto e fósforo do solo, o que favorece a atividade microbiana. Esta matéria orgânica melhora as propriedades biológicas e físico-químicas dos solos e é uma fonte de nutrientes (potássio total) [42].

A relação C/N média de 12 no solo de Toudouwéogo e de 10 no solo de Saaba reflecte o nível de mineralização da matéria orgânica nos solos. Os valores desta relação obtidos nos solos correspondem aos que indicam uma boa mineralização da matéria orgânica, ou seja, entre 8 e 12 [43]. De acordo com Salomon BOUDA [37], a relação C/N é um índice de qualidade da matéria orgânica. <Quanto mais elevada for a relação C/N, maior será a atividade biológica e a mineralização.

Os microrganismos são os principais actores dos principais processos de transformação da matéria e do fluxo de energia no solo. No âmbito do nosso estudo, a fim de avaliar a atividade microbiológica, medimos a libertação de CO_2 dos solos colhidos, que resulta da degradação de substratos carbonados pelos microrganismos durante um período de duas semanas. Os resultados obtidos mostram uma elevada intensidade de atividade biológica dos microrganismos nos solos de aterro em comparação com o solo de controlo. Este facto é apoiado por Evariste et *al* [44], que confirmam que a quantidade, a qualidade e o estado de decomposição da matéria orgânica podem ter uma influência considerável na libertação de CO_2. Um estudo sobre aterros públicos na cidade de Kisangani (RD Congo) efectuado por Joël M. [45] confirma que os aterros públicos são grandes emissores de $CO_{(2)}$. Os resultados deste estudo mostram que as quantidades de carbono libertadas pelos aterros públicos são potencialmente significativas em comparação com outros tipos de solo e estão positivamente correlacionadas com o teor de humidade e a temperatura. Ago E.E. *et al* [46] explicam que a libertação de CO_2 no solo está ligada a vários factores bióticos, como a biodiversidade do solo e, sobretudo, a biomassa microbiana e o tipo de população que a constitui.

2.2 Efeitos dos solos de aterro no crescimento e na produção de biomassa de amaranto e alface

Os solos de aterro aumentaram o crescimento das plantas e a produção de biomassa ao longo do tempo. Este desempenho pode ser explicado pelas propriedades fertilizantes dos solos de aterro através da entrada de carbono (relação C/N = 12), nutrientes (P assimilável 3,27g/kg; K disponível 142,53g/kg) e indiretamente pelas propriedades físico-químicas do solo, em particular o pH (7,01), a humidade do solo e a atividade biológica do solo. Inicialmente, os resíduos aumentam as quantidades de nutrientes disponíveis, como o N e o P. Além disso, o crescimento das plantas é melhorado pela maior disponibilidade de elementos minerais. Vários autores demonstraram o efeito positivo dos fertilizantes orgânicos no aumento do rendimento das culturas [47] [48]. De facto, uma boa assimilação de nutrientes como o azoto, o fósforo, o potássio e o magnésio pelas plantas promove o seu crescimento e desenvolvimento [49]. É de notar que o bom crescimento das plantas e a resistência a várias agressões (parasitismo, por exemplo) resultam não só de um bom fornecimento de elementos N, P e K, mas também de uma disponibilidade suficiente de elementos secundários, oligoelementos e vários activadores [50]. Segundo o mesmo autor [50], o húmus favorece o fornecimento de oligoelementos às plantas e fornece activadores de crescimento que actuam em doses muito baixas. Por conseguinte, é fácil compreender por que razão as plantas cultivadas em solos de aterro se desenvolvem melhor, uma vez que estes solos são muito mais ricos em matéria orgânica e são mais capazes de cobrir as necessidades em comparação com as plantas cultivadas em solos de controlo. O efeito positivo dos solos de aterro no crescimento das plantas deve-se principalmente à melhoria da qualidade físico-química e biológica do solo, à taxa de difusão dos nutrientes e à capacidade de retenção de água do solo. Quanto mais matéria orgânica o solo contém, mais fértil e produtivo se torna. Tessier [51] também referiu que os insumos orgânicos estimulam a atividade biológica, aumentando o húmus do solo através da decomposição dos resíduos de culturas.

2.3 Concentração de ETM nos solos e acumulação nas plantas

a) Concentração de ETM nos solos (IP)

Os solos dos aterros não controlados estudados apresentam níveis elevados de TME. Este facto deve-se provavelmente à heterogeneidade dos resíduos constituem os aterros. Os resíduos de equipamentos eléctricos e electrónicos, os pneus, os materiais plásticos e os resíduos médicos presentes nos aterros não autorizados podem ser responsáveis pela elevada concentração de metais pesados no solo [52]. Os resultados mostram que as concentrações médias de metais vestigiais nos solos variam consoante o metal e o local de amostragem. Estes resultados são comparáveis aos de vários autores [53] [54] [55] [56] que mostraram que as concentrações totais de metais vestigiais (TME) nos solos variam consoante o elemento metálico, o local de amostragem e as fontes de contaminação.

A análise do solo dos dois aterros antes do cultivo mostra que os níveis de Pb, Cu e Zn estão muito acima da norma AFNOR U44-41 (Cu 100 mg/kg; Pb 100 mg/kg e Zn 300 mg/kg) e também acima dos valores médios mundiais, que são os limiares toleráveis para metais pesados em solos contaminados (30 mg/kg para o cobre; 35 mg/kg para o chumbo e 90 mg/kg para o zinco [57]. Estes resultados são confirmados por Soclo [58], que demonstrou que o composto produzido a partir de resíduos domésticos recolhidos diretamente em aterros não controlados contém metais pesados em proporções relativamente elevadas. Com um IP superior a 1, o solo dos aterros está altamente contaminado [19].

O zinco é o elemento metálico com as concentrações mais elevadas (máximas e médias) nos solos. Muitos autores relataram também concentrações elevadas de Zn nos solos, em comparação com outros elementos [53] [56]. O teor de zinco de 5750 mg/Kg para o solo de Toudouwéogo e 6600 mg/Kg para o solo de Saaba indica que os valores estão muito acima da norma aceite para a qualidade do solo agrícola (200 mg/Kg), de acordo com as recomendações canadianas para a qualidade do solo agrícola. Vários estudos mostraram que os resíduos urbanos contêm quantidades significativas de metais em geral e de zinco em particular [23] [59].

De acordo com as recomendações canadianas para a qualidade dos solos agrícolas, a concentração máxima admissível de chumbo no solo é de 70 mg/kg. Os resultados do nosso estudo mostraram que os níveis de chumbo nos dois solos do aterro excediam todos a norma (131 mg/kg para o solo de Saaba e 162 mg/kg para o solo de Toudouwéogo). Esta presença de chumbo pode ser atribuída à contaminação por pilhas usadas encontradas nos resíduos em resultado de uma má triagem na base antes da deposição em aterro. obtidos resultados semelhantes num estudo efectuado em Marrocos sobre o solo do aterro não controlado de Ahfir-Saidia contaminado por metais pesados [39], que mostrou que o Pb existe em todo o aterro e que a sua distribuição varia em função da profundidade.

No que respeita aos solos rizosféricos dos dois aterros após a cultura do amaranto e da alface, os resultados do PI continuam a ser superiores a 1, mas são ainda inferiores ao PI dos solos dos aterros antes da sementeira. Daí a conclusão de que os solos ainda estão poluídos. No entanto, os níveis de TME diminuíram consideravelmente com a aplicação destas espécies nas culturas. Globalmente, o Zn foi fortemente reduzido em 85% no solo do aterro de Saaba e muito ligeiramente no solo de Toudouwéogo (20%). O Cu e o Pb foram ligeiramente reduzidos em 20% e 10%, respetivamente, no solo do aterro de Saaba, em comparação com 10% e 23%, respetivamente, no solo do aterro de Toudouwéogo

b) Acumulação de ETM nas plantas e fitoremediação

O teor de MTE nas plantas diferiu consoante a espécie vegetal, o tipo de MTE e também o nível de contaminação do solo, como seria de esperar. A alface cultivada em solos de aterro acumulou ETM nos seus vários órgãos. O teor de metais pesados na biomassa à superfície do solo do aterro de Saaba variou entre 12 mg/kg de Cu, 19,26 mg/kg de Pb e 1011 mg/kg de Zn e 21,44 mg/kg de Cu, 19,26 mg/kg de Pb e 1011 mg/kg de Zn no solo do aterro de Toudouwéogo. Os níveis de TME estavam muito acima dos valores-limite acima dos quais é possível a fitotoxicidade (20-200 mg/kg para o Cu, 30-300 mg/kg para o Pb, 100-400 mg/kg para o Zn) [60]. Resultados semelhantes foram obtidos por Pasquini [22], que analisou metais em alfaces de solos alterados com cinzas de resíduos urbanos na Nigéria. Obteve concentrações que variaram entre 57,5 e 182,1 mg/kg para o zinco, 5,5 e 13,9 mg/kg para o Cu e 5,8 e 11,6 mg/kg para o chumbo. Entre as muitas espécies hortícolas que acumulam TME está a alface [17]. Foi considerada uma espécie de alto risco em termos de acumulação de TME nos órgãos aéreos. O trabalho de Agbossou [4] mostrou que o rápido crescimento da alface acelera a remoção do solo dos nutrientes necessários para o seu crescimento, particularmente o zinco e o cobre. Além disso, os resultados da ADEME [14] mostraram a grande capacidade das espécies de crescimento rápido, como a alface, para acumular zinco, cádmio e cobre.

O amaranto cultivado nos dois solos de aterro acumulou TMEs a níveis que vão de 14mg/kg de Cu, 25mg/kg de Pb e 136mg/kg de Zn para o aterro de Saaba a 94,6mg/kg de Cu, 32,45mg/kg de Pb e 423mg/kg de Zn para o aterro de Toudouwéogo. Registou-se mobilidade dos TME do solo para a biomassa e intoxicação por exceder a concentração máxima de referência (CMR) para os três metais, conforme recomendado. O zinco continua a ser o elemento mais acumulado. As elevadas concentrações de Zn registadas no amaranto e na alface em ambos os solos podem ser explicadas pelo elevado teor de zinco no solo, pela sua biodisponibilidade e pela elevada afinidade do zinco por estes vegetais. Estes resultados são consistentes com os de Ondo *et al* [61] que demonstraram que as plantas de amaranto podem acumular concentrações elevadas de Zn se o solo em que são cultivadas contiver níveis moderadamente elevados de Zn

Em geral, o Cu foi acumulado em menor grau por ambas as espécies em comparação com o Zn. Os baixos níveis de Cu registados nos órgãos das duas espécies de plantas podem ser explicados pela competição entre Zn e Cu. De acordo com Kabata-Pendias [62], o Cu e o Zn são aparentemente absorvidos pelo mesmo mecanismo e a sua presença combinada no solo pode limitar a sua absorção.

Em termos de saúde, os resultados obtidos sobre o teor de TME nas duas espécies de plantas permitem avaliar a toxicidade dos metais, definida como a concentração do metal nas partes comestíveis das plantas que não excede o limite tolerável nos seres humanos. Comparando estes resultados com as concentrações máximas de elementos metálicos nos géneros alimentícios destinados à alimentação humana fixadas pela FAO/OMS [63] (73 mg/kg para o Cu, 100 mg/kg para o Zn e 0,3 mg/kg para o Pb), as nossas duas espécies vegetais excedem largamente os níveis autorizados para a alimentação humana. O zinco é um elemento essencial de que as plantas e os seres humanos necessitam em proporções adequadas, mas quando as concentrações excedem a gama normal exigida, tal pode causar doenças que conduzem a disfunções e a uma acumulação indesejável em várias partes do corpo.

RECOMENDAÇÕES

Recomendações às autoridades municipais, aos habitantes de Ouagadougou que produzem os resíduos e aos agricultores para reduzir os níveis de TME no solo em aterros não autorizados:

- Separar e descontaminar os resíduos domésticos antes de serem depositados em qualquer aterro, a fim de reduzir a contaminação por TME;

- Sensibilizar os horticultores para que alterem o seu comportamento e deixem de utilizar os resíduos domésticos não selecionados ou mal selecionados como composto;
- Compostar os resíduos destes aterros, o que poderia reduzir o nível de TME;
- Deve ser dada especial atenção aos solos de aterros sanitários utilizados como fertilizantes em campos e jardins urbanos, uma vez que a absorção de TME pelas plantas cultivadas nos campos pode levar à contaminação da cadeia trófica.

CONCLUSÃO

O objetivo deste trabalho foi avaliar os efeitos dos solos de aterros públicos anárquicos sobre a produção de amaranto e de alface e a fitorremediação destas duas plantas em metais pesados. Foi necessário caraterizar estes solos de aterro para determinar a sua composição. Os resultados desta caraterização confirmaram a nossa hipótese inicial, nomeadamente que os dois (02) aterros públicos anárquicos investigados contêm substratos orgânicos, compostos minerais e TMEs. O estudo experimental realizado com alface e amaranto em solos com altas concentrações de ETMs, em particular Cu, Pb e Zn, mostrou que essas plantas podem se estabelecer em solos com altas concentrações desses ETMs. Os resultados mostram que a alface e o amaranto acumulam ETMs de forma diferente consoante o tipo de solo e o ETM. O amaranto exportou mais ETMs, particularmente Cu, Pb e Zn, do que a alface.

De um ponto de vista agronómico, as duas espécies vegetais cultivadas nos solos de aterro produziram um bom crescimento vegetativo e melhores rendimentos de biomassa do que o solo de controlo. Os solos de aterro permitiram assim um aumento significativo da altura das plantas e da produção de biomassa no vaso de vegetação. Os nossos resultados confirmam as nossas hipóteses iniciais, nomeadamente que os solos provenientes de resíduos urbanos contaminados com metais pesados influenciam o crescimento e a produção de biomassa das plantas cultivadas.

O índice de poluição ETM (Cu, Pb e Zn) nos solos de aterro rizosférico após a experiência foi significativamente reduzido em comparação com os solos de aterro antes da sementeira. A alface e o amaranto ajudaram a limpar o solo, extraindo as TMEs. Estes resultados confirmam a nossa hipótese de que as espécies vegetais acumulam Cu, Pb e Zn dos solos e ajudam a descontaminar o solo do aterro. No entanto, os níveis destas TMEs nos solos do aterro após a experiência permanecem muito acima dos limiares toleráveis para as TMEs em solos contaminados. Por conseguinte, é necessário tomar precauções aquando da utilização destes solos, uma vez que as entradas não controladas podem conduzir a uma acumulação de ETM nas camadas superficiais do solo e, consequentemente, à contaminação dos produtos agrícolas. O cultivo contínuo destas plantas em solos de aterro, tendo o cuidado de destruir a biomassa recuperada ao longo de vários anos, poderia levar a uma redução considerável do teor de ETM dos solos de aterro. A utilização destas espécies neste estudo tem interesse do ponto de vista sanitário, uma vez que são comestíveis e muito consumidas no Burkina Faso em geral e em Ouagadougou em particular. Os resultados obtidos servirão de base de dados para sensibilizar os agricultores para os riscos sanitários associados a esta prática agrícola.

PERSPECTIVAS

A fim de tirar partido dos resultados desta investigação, a investigação futura poderia :

- Repetir a experiência no campo para avaliar o teor destes metais pesados nas plantas cultivadas;
- Cultivo contínuo destas plantas em solos de aterros até se obter um nível aceitável de TME no solo, tendo o cuidado de destruir a biomassa recuperada ao longo dos anos. Desta forma, o solo pode eventualmente ser descontaminado pelo cultivo contínuo de certas espécies de plantas.

REFERÊNCIAS BIBLIOGRÁFICAS

1. **2015.A gueh V, Degbey C.C, Sossa-Jerome C, Adomahou D, Paraiso M.N, Makoutode M, Fayomi B,** Nível de contaminação dos produtos das hortas comerciais por substâncias tóxicas no sítio Houéyiho, no Benim. Houéyiho: Int. J. Biol. Chem. Sci. Vol. 9(1).

2. **2009.Kitobo W,** Dépollution et valorisation des rejets miniers sulfurés du Katanga cas des tailling de l'ancien concentrateur de Kipushi. Katanga: tese de doutoramento, Universidade de Liège, Faculdade de Ciências Aplicadas.

3.**224-16, 2007A rtigo R.2** code générale des collectivités térritoiles; França: descarga de lamas de depuração no meio aquático.

4. **Agbossou K. E, Sannyi M. S, Zokpodo B, Ahamide B e Guedegbe H. 2009.**J, Evaluation qualitative de quelques légumes sur le périmètre maraiche de Houéyibo à cotonou au sud Bénin. Cotonou: Bulletin de la recherche Agronomique du Bénin.

5. **2004.N ordberg M, Nordberg G, Jin T,** Health impacts of cadmium exposure and its prevention (Impactos da exposição ao cádmio na saúde e sua prevenção). BioMetais. Vol. 17.

6. **2019.B outamine Z,** Degradação de poluentes emergentes na água por sonoquímica e processos de oxidação avançados. s.l. Tese de doutoramento, Universidade BADJI MOKHTAR ANNABA.

7. **1995.E shghi Malayeri B,** descontaminação de solos contendo metais pesados usando plantas e microorganismos, . s.l. Tese de doutoramento em biologia do organismo.

8. **2016. B alet J.M,** Gestão de resíduos. s.l. 5ª Edição.

9. **2014.B oubekri S, Affar F,** Localisation des décharges et dépotoirs sauvages, leur identification et leurs impacts sur l'environnement et la santé publique dans la commune de Bejaia. Bejaia: tese de mestrado, Université Abderrahmane mira de Bejaia, p 9.

10. **1986.A driano D,** Trace Elements in the Terrestrial Environment (Elementos vestigiais no ambiente terrestre). Springer-Verlag, . Nova Iorque :P 533. ISBN 978-1-4757-1909-3. DOI 10.1007/978-1-4757-1907-9.

11. **2000. B aise D, Teneurs** Totales En " Métaux Lourds " Dans Les Sols Français Résultats Généraux Du Programme ASPITET. s.l. Revista de Courrier de l'environnement de l'INRA.

12. **1988.L isk D.J,** Environmental implications of incineration of municipal solid waste and ash disposal (Implicações ambientais da incineração de resíduos sólidos urbanos e eliminação de cinzas). s.l. Sci. Total. Environ.Vol. 74.

13. **2000.F ethia A.M, et Mohamed S,** Mobilité des métaux lourds au cours du processus de compostage. Tunísia : In: Water, waste, and environmental research. p65.

14. **1990.A DEME,** Conhecimento e controlo dos aspectos sanitários da disseminação de lamas.

15. **1995.M ortvedt J. J. D, e Beaton J,** Heavy metal and radionuclide contaminants in phosphate fertilizers. Nova Iorque: In: Tiessen H, editor. Phosphorus in the global environment: transfer, cycles and management pp 93-106.

16. **2018.J ugurta, Ikkour,** Biotechnologie végétale et dépollution des sols, la phytoremédiation,. s.l. Mémoire de fin de cycle en vue d'obtention d'un diplôme de Master en sciences Agronomiques.

17. **2011.Z orrig W**, Recherche et caractérisation de déterminants contrôlant l'accumulation de cadmium chez la laitue " Lactuca sativa". s.l. Tese de doutoramento. Montpellier SupAgro.

18. **2002.L eteinturier B,** Evaluation du potentiel phytocenotique des gisements cuprifère d'Afrique Centro-australe en vue de la phytorémediation des sites pollués par l'activité minière, tese de doutoramento, Faculté Universitaire des sciences agronomiques de Gembloux,

19.**1998.C hon H, Ahn J, Jung M.C,** Variação sazonal e formas químicas de metais pesados no solo e poeiras das cidades satélite de Seul, Coreia. Seul: Geoquímica Ambiental e Saúde, 20 :77-86.

20. **2001.L ombi E, Zhao F.J, Dunham S.J e McGrat S.P,** Acumulação de cádmio em populações de tlaspi caerulesces e Thlaspi goesingense. s.l. New phytologist 145:11-20.

21. **2004.F arinet J, Niang S,** Le recyclage des déchets et effluents dans l'agriculture urbaine. In Développement Durable de l'Agriculture Urbaine en Afrique Francophone : Enjeux, Concepts et Méthodes, Montpelier: CIRAD, 143-172.

22.**2004. P asquini, M.W, Alexander, M.J,** Chemical properties of urban waste ash produced by open burning on the Jos Plateau: implications for agriculture. s.l. The Science of the Total Environment, 319: 225-240.

23. **2008.A djia R, Fezeu W.M, Tchatchueng J.B, Sorho S, Echevarria G, Ngassoum M.B**, Efeito a longo prazo da alteração dos resíduos sólidos urbanos no teor de metais pesados do solo de locais utilizados para a agricultura periurbana em Ngaoundere, Camarões. Ngaoundere : Afr. J. Environ. Sci. Techn, Vol. 2(12).

24. **Napoléon A et. al. 2023.** Impactos dos aterros não controlados na qualidade do solo nos bairros periurbanos da cidade de Goma (RD Congo Oriental): o caso do bairro MUGUNGA. s.l. Int. J. Biol. Chem. Sci, 17(4): 1738-1749.

25.**1990.V eron C,** Mechanisms of contamination of the food chain by cadmium, principally the air-soil-plant-animal-human trophic chain (Mecanismos de contaminação da cadeia alimentar pelo cádmio, principalmente a cadeia trófica ar-solo-planta-animal-humano). Annales des Falsifications, de l'Expertise chimique et Toxicologique. 83 (888): 201-224.

26. **1998.M unro D.B, e Small E,** Vegetables of Canada. Canadá: NRC Research Press,

27. **2005.Madrpm,** Culturas alternativas: Quinoa, amaranto, espelta. Transferência de tecnologia na agricultura.

28. **2011.M aughan P.J, Smith S.M, Fairbanks D.J, and Jellen E. N,** Development, characterisation and linkage mapping of single nucleotide polymorphisms in amaranth (Amarantus spp) grains. O genoma da planta. Vol. 4(1).

29. **Grubben G. 2004.J. H,** Plant Resources of Tropical Africa 2. Produtos hortícolas. Wageningen,.

30. **1981.A FNOR,** (Association Française de Normalisation),. Determinação do pH, NF ISO 10390. ln AFNOR qualidade dos solos, Paris, pp. 339-348.

31. **1934. Black, Walkley A et al.** An examination of the Detjareff method for deterring soil organic matter and a proposed modification of chromatic acid titration method. s.l. : ciência do solo, 37: 29-38.

32. **1883.Kjeldahl J,** Um novo método para a determinação do azoto na matéria orgânica. s.l. Zeitschrift für analytische chemie 22, pp 366-382.

33. **1945.Bray R.H, e Kurtz L.T,** Determinação das formas orgânicas e disponíveis totais de fósforo nos solos. s.l. : soil science , 59:39-45.

34.**1960. D ommergues Y,** La notion de coefficient de minéralisation du carbone dans les sols. . s.l. 15(1), : l4agronomie Tropicale, vol pp 55-60.

35. **1994.Baize D,** Teor total de metais pesados nos solos franceses. Primeiros resultados do programa ASPITET. Français : Courrier de l'Environnement de l'INRA,Vol. 22.

36. **2001.Muller A, Homey B, Soto H, Involvement** of chemokine receptors in breast cancer metastasis (Envolvimento dos receptores de quimiocinas na metástase do cancro da mama). 410: 50-56.

37. **2019.S alomon B,** Risques associés à l'usage des déchets urbains e agriculture péri-urbaine en Afrique Subsaharienne : impact sur les communautés bactériennes du sol et émergence de la multirésistance bactérienne. s.l. Tese de doutoramento, Universidade Joseph KI ZERBO.

38. **1991.B ourgeon G,** Les sols rouges de l'indice péninsulaire méridionale : pédogenèse ferralitique sur socle cristallin en milieu tropical ;. Paris: tese de doutoramento.

39. **2014.Nhari F, Sbaa M, Vasel J.L, Fekhaoui M,** Contamination des sols d'une décharge non contrôlée par les métaux lourds : cas de la décharge Ahfir- Saidia (Maroc oriental). Marrocos: J. Mater. Environ. Sci, Vol. 5.

40. **1994.Brown S.L, Chaney R.L, Angle J.S, and Baker A.J.M,** Phytoremediation of Thlaspi caerulescens and Bladder campion for zinc-and cadmium-contaminated soil. . s.l. : J. Environ. Quai. 23; 1151-1157.

41. **2000. Mbouaka M.E,** Etude de l'efficacité agronomique des composts d'ordures ménagères au Burkina Faso : cas de la ville de Ouagadougou . Ouagadougou: Mémoire d'ingénieur, Université Polytechnique bobo dioulasso.

42. **Mirsa R. 2005. V, Roy R. N, Hiraoka H,** On-farm composting methods. . s.l. Documentos de Trabalho sobre Terra e Água 2. Organização das Nações Unidas para a Alimentação e a Agricultura, Itália, Roma, p. 35.

43. **2007.G enot V, Colinet G, Bock L,** Fertilité des sols agricoles et forestiers en région wallonne,. s.l. Relatório FUSAG, p. 75.

44. **2015.E variste A et al.** Mesure des flux de C02 et séquestration de carbone dans les écosystèmes terrestres oust-africains. s.l. : Biotechnol. Agron. Sc. Environ, 68-82.

45. **2020.J oël M,** Spatio-temporal characterisation of the quantity of CO2 released by public landfill sites in the city of Kisangani (DR Congo). Kisangani.

46. **2015.Ago E.E et al.** Fluxos de dióxido de carbono de uma floresta degradada na África Ocidental e suas respostas aos principais factores ambientais. Carbon Balance Manage.

47. **2008.J uwarkar A. A, Yadav S. K, Kumar G. P e Singh S.K,** Effect of biosludge and biofertilizer amendment on growth of Jatropha curcas in heavy metal contaminated soils. s.l. Monitorização e Avaliação Ambiental, 145 : 7 - 15

48. **2006.A lcaniz, Ortiz O,** Bioaccumulation of heavy metals in Dactylis glomerata L. growing in a calcareous soil amended with sewage sludge.

49.**1959. L ingle J, Davis R,** A influência da temperatura do solo e da fertilização com fósforo no crescimento e na absorção de minerais do tomateiro semeado. s.l. J. Am. Soc. Hortic. Sci. 73: 312-322.

50. **1986.S oltner D,** Les bases de la production végétale. s.l. 14ª edição: coleção ciências e técnicas agrícolas.

2005.51.Tessier M, Quelques notions de fertilisation:. s.l. s.l.: Conseil pour le développement de l'agriculture du Quebec.

2012.52 Bodjona B. M, Kili A. K, Tchegueni S., Kennou B., Tchangbedji G. Evaluation de la quantité des métaux lourds dans la décharge d'Agoè (Lomé-Togo) : cas du plomb, cadmium, cuivre, nickel et zinc. Lomé: Jornal Internacional de Ciências Biológicas e Químicas.

53. **2000.B laise D,** Teneurs totales en " métaux lourds " dans les sols francais. Correio do Ambiente do INRA, Vol. 39.

54. , **2007.Mench M, Baize D** Contamination des sols et de nos aliments d'origine végétale par les éléments en traces. Correio do Ambiente do INRA, Vol. 52.

55. **2007. Kao T, El Mejahed K, Bouzidi A**, Avaliação da poluição por metais em solos agrícolas irrigados por águas residuais da cidade de Settat (Marrocos).

56. **2013. T ankari dan-badjo A, Guéro Y, Dan Lamso N, Tidjani A.D, Ambouta J.M.K, Echevarria G,** Evaluation de la contamination des sols par les éléments traces métalliques dans les zones urbaines et périurbaines de la ville de Niamey (Niger). Niamey.

57. **1979.Bowen H.J.M,** Environmental Chemistry of the Elements (Química Ambiental dos Elementos). Nova Iorque: Academic Press, pp. 49-62.

58. , **1999Soclo H**. Recherché de compost type et toxicité résiduelle au Bénin,. Benim: TSM 9(94)

59., **2009. A defemi S.O, Awokunmi E.E** O impacto da eliminação de resíduos sólidos urbanos na metrópole de Ado-Ekiti, Estado de Ekiti, Nigéria: Afr. J. Environ. Sci. Tech, Vol. 3(8).

60.**2003. L archer W,** Physiological plant ecology. s.l. 4ª ed.Springer.

61. **2012.Ondo J.A, Biyogo R.M, Mebale A.A, Eba F,** Experiência em vaso da absorção de metais por Amaranthus cruentus cultivado em solos artificialmente dopados com cobre e zinco. s.l. Ciência Alimentar e Gestão da Qualidade, Vol. 9.

62. **2001.Kabata-Pendias A. e Pendias H,** Trace elements in soils and plants s.l. Terceira edição. CRC Press. p 413.

63. , **2015.**Norma Geral **da FAO/OMS** para Contaminantes e Toxinas em Alimentos para Consumo Humano e Animal. s.l. CODEX STAN. p.64.

APÊNDICES

1Apêndice: Amostragem e caraterização do solo nos aterros de Saaba e Toudouwéogo

2Apêndice: Crescimento vegetativo e medição dos parâmetros agro-morfológicos das plantas

3Apêndice : Descarga e pesagem da biomassa vegetal aérea e radicular

Printed by Books on Demand GmbH, Norderstedt / Germany